相对论之争与黑洞不存在的理由

蔡 立 著

上海交通大學出版社

内容提要

本书是笔者所著的《相对论的悖论与爱因斯坦的失误》一书的后续，前者讨论了狭义相对论问题，本书则主要讨论广义相对论和黑洞。

本书第一篇首先简要回顾了相对论争论的历史情况，进而重点讨论了由相对论争论引出的几个问题。本篇得出的结论是爱因斯坦相对论是一个不完善的理论，这是在相对论研究中马克思主义哲学给予我们的提示或指引。

本书的第二篇进一步论证黑洞就是广义相对论得出的一个错误结果。书中通过对黑洞问题历史的考察，进而给出黑洞不存在的三个理由。

本书适用范围较广，书中尽量避免使用复杂的数学公式，具备大学一、二年级以上知识水平的读者均可阅读本书。

图书在版编目(CIP)数据

相对论之争与黑洞不存在的理由/蔡立著．—上海：上海交通大学出版社，2017

ISBN 978-7-313-16254-0

Ⅰ．①相…　Ⅱ．①蔡…　Ⅲ．①相对论-宇宙学-研究

Ⅳ．①P159.2

中国版本图书馆 CIP 数据核字(2016)第 295012 号

相对论之争与黑洞不存在的理由

著　　者：蔡　立

出版发行：上海交通大学出版社　　地　　址：上海市番禺路 951 号

邮政编码：200030　　电　　话：021-64071208

出 版 人：郑益慧

印　　制：凤凰数码印务有限公司　　经　　销：全国新华书店

开　　本：787mm×960mm　1/16　　印　　张：11

字　　数：201 千字

版　　次：2017 年 1 月第 1 版　　印　　次：2017 年 1 月第 1 次印刷

书　　号：ISBN 978-7-313-16254-0/P

定　　价：88.00 元

不管自然科学家采取什么样的态度，他们还是得受哲学的支配。问题只在于，他们是愿意受某种坏的时髦哲学的支配，还是愿意受一种建立在通晓思维的历史和成就的基础上的理论思维的支配。

物理学，当心形而上学呵！——这是完全正确的。

——恩格斯《自然辩证法》

要么放弃马克思主义时空无限的论点，要么批评大爆炸宇宙学的谬误，二者必居其一。我是坚持时空无限论点的，认为现代科学的宇宙学还很不完善，有待今后的继续努力。

——钱学森

自然科学的研究如果撇开了马克思主义哲学的指导是危险的。

——钱学森

前　言

本书是笔者所著的《相对论的悖论与爱因斯坦的失误》一书的后续，前者讨论了狭义相对论问题，本书则主要讨论广义相对论和黑洞。本书由两部分组成：第一部分是关于相对论争论的专题讨论，从爱因斯坦创立相对论以来，国际国内围绕相对论的争论就从未停止过，本书第一篇首先简要回顾了相对论争论的历史情况，进而重点讨论了由相对论争论引出的三个问题。

围绕相对论问题展开的争论，实际上反映了马克思主义哲学与爱因斯坦理论之间的矛盾。马克思主义哲学是一门科学，爱因斯坦相对论也是一门科学，两个科学理论出现了矛盾，表明在这两个理论中一定有一个出现了问题。那么，马克思主义与爱因斯坦相对论为什么存在矛盾，矛盾产生的根源是什么，是马克思主义正确，还是爱因斯坦理论正确？

本书的第一部分回答了这个问题，我们得出的结论是：只要马克思主义的对立统一规律成立，恩格斯关于能量守恒与转化规律的科学论断正确，爱因斯坦相对论就是一个不完善的理论，在这个理论中一定存在着错误。

这就是在相对论研究中马克思主义哲学给予我们的提示或指引。显然，哲学讨论不能代替物理研究，那么，具体地说，爱因斯坦相对论错在哪里呢？

在本书的第二篇，我们按照马克思主义哲学提示的方向，进一步论证黑洞就是广义相对论得出的一个错误结果。为什么宇宙中没有黑洞？本书给出了三个理由：

（1）黑洞起源于牛顿力学的一个错误，当年拉普拉斯在不知道牛顿力学适用范围的情况下，把牛顿理论用到了速度大于光速的情况，由此得出了拉普拉斯黑洞这个错误的结果。1916 年，施瓦西利用广义相对论又得到了一个与拉普拉斯黑洞完全相同的黑洞——施瓦西黑洞。为什么广义相对论的施瓦西黑洞与牛顿力学的拉普拉斯黑洞完全重合呢？在以往的广义相对论研究中，人们忽视了这个问题，在这本书中，我们详细地论证了施瓦西黑洞就是拉普拉斯黑洞，由于拉普拉斯黑洞是错误的，因此，广义相对论的施瓦西黑洞也是错误的。

（2）黑洞与永动机一样，如果存在，必然违反能量守恒规律。

能量守恒规律告诉人们，物体运动过程中能量是守恒的，在自然界中不允许出现超越物体能量上限的事情发生。对于任意一台机器来说，它对外所做的功不可以超过它的输入能量，这就是为什么制造不出来永动机的原因。星球的引力场也具有能量，它可以把物体从远处吸引到星球的表面，但任一星球的引力场都不具有这样的能量，使物体下落到星球表面时的速度大于或等于光速，因此，任一星球的逃逸速度一定要小于光速，即任一星球都没有能力对光粒子进行约束，这就是为什么宇宙中没有黑洞的又一原因。

(3) 物理学不接受无穷大，黑洞如果存在，将违反热力学第二定律。

爱因斯坦广义相对论和欧拉的理想流体理论属于同一类型的理论，它们都不是真实的物理理论，而是理想化、数学化的理论。这种理论都有一个适用范围，在适用范围内使用可以得出正确的结果，例如，用欧拉方程研究升力问题可以给出与实验相符合的结果；在 $C_g < 0.3$ 的情况下使用爱因斯坦广义相对论，也能得出正确的结果。但是，如果超出了适用范围就会得出错误结果，理想流体力学中的达朗贝尔疑难和广义相对论的黑洞，都属于这样的错误。理想流体理论之所以产生奇点，原因是在欧拉方程中把与雷诺数有关的黏性项丢失了；广义相对论之所以出现奇点，是因为在广义相对论场方程推导中使用了牛顿极限，从而把场方程中与引力场强度有关的项弄丢了。用闵可夫斯基极限代替牛顿极限后，广义相对论的奇点便可以消除。这个结果再次说明了黑洞理论是错误的，黑洞如果存在，将违反物理学的一个基本规律——热力学第二定律，即物理学不接受无穷大，这就是黑洞不存在的第三个理由。

本书最终的结论是：爱因斯坦相对论之所以会出现黑洞这样的错误，其根本原因在于，这个理论是按照形而上学的思想建立起来的。在相对论中，爱因斯坦片面强调了对称性，而完全忽略了非对称性(对称性破缺)，从而使爱因斯坦的理论违背了辩证唯物主义的对立统一规律，这就是爱因斯坦相对论出现错误的主要原因。

这一结果表明，恩格斯在《自然辩证法》中的一段论述非常具有远见，恩格斯说："不管自然科学家采取什么样的态度，他们还是得受哲学的支配。问题只在于，他们是愿意受某种坏的时髦哲学的支配，还是愿意受一种建立在通晓思维的历史和成就的基础上的理论思维的支配。

物理学，当心形而上学呵！——这是完全正确的。"

下面，谈一谈这本书的写作动机，大约在 2000 年前后发生的两件事情，触发了我的写作灵感。

一是世纪之交，在英国 BBC、路透社等媒体所作的民意测验中，马克思被评为千年来最有影响的思想家之一，而且位居榜首；二是一位西方著名哲学家德里达出版了《马克思的幽灵》一书，这部书对马克思给予高度评价，称“未来不能没有马克思”，该书在西方思想界一度影响很大。

西方学者对马克思主义尚有如此高的评价，相比之下，国内科学界，对马克思主义“已经过时了，陈旧了”的观点，却从未进行过批驳。如此鲜明的对照，促使作者决定写一本书，从相对论的角度论证马克思主义正确，批驳国内某些相对论物理学家的观点。经过 10 多年的酝酿准备，现在终于将这本书呈现在读者面前。

最后，还需做一点说明，数学是科学的语言，正确的科学理论只有用数学才能给出准确的表述。然而，一本书中数学公式越多，读者就越少，正如霍金所说，每增加一个公式，就会使读者减少一半。

为了让更多的人能够了解本书的内容，在这本书中，尽量避免使用复杂的公式，而且所有公式都未做推导，这些推导在我先前出版的几本书中可以找到[1~5]。

本书适用范围较广，具有大学一、二年级知识水平的读者，均可阅读本书。

蔡　立

2016 年 9 月 26 日于北京

目　　录

第1篇　对相对论争论的专题讨论

第2篇　黑洞不存在的三个理由

——关于黑洞问题的历史考察

第1篇　对相对论争论的专题讨论

1977年，恢复高考后，我考入了北京航空学院，所学专业为空气动力学，恰好与钱学森的专业相同。在空气动力学里有一个著名问题，即“钱学森猜想”。1982年，在读研究生的时候，我开始思考这一问题，后来，把证明钱学森猜想作为博士论文的一项主要内容。由于这个原因，从研究生开始，我便对钱学森的工作进行研究，在阅读钱学森文章的时候，注意到当时钱学森与中国科技大学的一位教授正在进行一场争论，由这场争论引出三个问题：

(1) 这场争论是马克思主义哲学与爱因斯坦相对论之间长期争论的自然延续，它反映了马克思主义哲学与爱因斯坦相对论之间的矛盾。马克思主义是一门科学，爱因斯坦相对论也是一门科学，两个科学理论出现了矛盾，表明在这两个理论中一定有一个出现了问题，那么，马克思主义与爱因斯坦相对论为什么存在矛盾，矛盾产生的根源是什么，是马克思主义正确，还是爱因斯坦理论正确？这是今天摆在我们面前的一个重要理论问题。

(2) 这场围绕宇宙学展开的争论，反映了两种宇宙观的冲突，因此，弄清恩格斯《自然辨证法》中的宇宙观与爱因斯坦的宇宙观的主要分歧在哪里？这是我们需要解决的又一个问题。

(3) 这场争论反映了钱学森与霍金的分歧，那么，钱学森与霍金的主要分歧是什么？是钱学森的观点对，还是霍金的观点对？这是我们需要研究的第三个问题。

虽然这场争论已经过去了30多年，但是，今天重新讨论这场争论，仍有重要的现实意义。在本书的第一篇，我们将回顾这场争论的由来，详细介绍双方的观点，然后对这场争论进行讨论，主要讨论由这场争论引出的三个问题。

第1章　历史上围绕相对论展开的争论以及由此引出的三个问题

围绕相对论展开的争论,有其深刻的历史原因,了解这一争论的历史背景,对于今天我们学习研究相对论,正确地认识并理解这一理论是非常必要的。

1.1　有关相对论争论的历史背景

1) 苏联对爱因斯坦理论的批判

相对论建立不久,人们便发现爱因斯坦的理论与马克思主义哲学之间存在矛盾,由于这个原因,在苏联和中国都曾发生过对相对论的批判,而且,苏联的批判对中国的影响很大。

1922年,在苏联刚创刊的杂志《在马克思主义旗帜下》,发表了莫斯科大学物理教授A.K.季米里亚捷夫的一篇书评,题目是:爱因斯坦"狭义与广义相对论"。这是一篇从马克思主义的角度批评爱因斯坦相对论的文章。

季米里亚捷夫认为,相对论在根本上可以归结为马赫主义,爱因斯坦只不过是赋予马赫的观点以数学的形式。从物理学的观点看,相对论也是健全的理智不能立即接受的。他的理由是:从爱因斯坦理论中得出的符合实际的全部结论,能够而且常常成功地借助其他理论用简单得多的方法得到,而且这些理论绝不包含任何不可理解的东西。

季米里亚捷夫在文章中还提出一个观点,爱因斯坦本人并没有对唯物主义原理进行任何积极的攻击,但爱因斯坦的学说已被各国资产阶级及其知识分子所利用。季米里亚捷夫的这一观点被列宁注意到了,列宁的《论战斗唯物主义的意义》一文就是读了季米里亚捷夫的文章之后写的。

从1922年开始,苏联学术界就评价爱因斯坦和相对论展开了争论,在《在马克思主义旗帜下》杂志为这一问题的公开争论提供园地持续达三年之久,几乎每一期上都刊载有关文章。其中的一些文章已有中译文,季米里亚捷夫的文章就刊登在国内出版的《自然科学哲学问题丛刊》1979年第1期上。

在苏联关于爱因斯坦和相对论的批判、争论几乎一直在进行，进行的方式类似波浪一样，其间时有高潮，如果说1922—1925年的这场争论是第一波浪潮，那么，第二波则出现在20世纪30年代。

1933年6月10日，爱因斯坦在英国牛津大学做了一次报告，题目是“关于理论物理学的方法”。爱因斯坦在这篇报告中说：“迄今为止，我们的经验已经使我们有理由相信，自然界是可以想象到的最简单的数学观念的实际体现。我坚信，我们能够用纯粹数学的构造来发现概念以及把这些概念联系起来的定律，这些概念和定律是理解自然现象的钥匙。经验可以提示合适的数学概念，但是数学概念无论如何却不能从经验中推导出来。当然，经验始终是数学构造的物理效用的唯一判据。但是这种创造的原理却存在于数学之中。因此，在某种意义上，我认为，像古代人所梦想的，纯粹思维能够把握实在，这种看法是正确的。”[6]

第二年，苏联《真理报》发表了瓦维诺夫的文章，文中引用了爱因斯坦上述这段话作为证据，批判了爱因斯坦的“唯心主义道路”和“数学唯心主义”。这次批判掀起的波浪更大，许多有名的苏联物理学家也抨击了爱因斯坦的马赫主义观点。

但总的来说，苏联物理学家对爱因斯坦相对论的批评还是沿着一条理智的路线进行的，他们主张把相对论和爱因斯坦分开。

对于相对论，他们一方面承认相对论是现代物理学的普遍可接受的基础，对科学有不可磨灭的贡献；另一方面也指责“其中与辩证唯物主义格格不入的东西”。关于后一方面，具体地说有以下内容：相对性原理导致否定运动的客观性；爱因斯坦假定光速是不可超越的最大速度；相对论否定了普遍的同时性；爱因斯坦试图把物理学变成几何学等。对于爱因斯坦，他们认为，爱因斯坦的思想是唯心主义的，所以应该受到批判。这场批判不仅批判了爱因斯坦，量子力学的哥本哈根学派也受到了批判。

以上两次批判都发生在新中国建立之前，因此对中国的影响不大，但随后开展的一场批判对中国产生了很大的影响。这场批判是由斯大林的助手，苏共中央主管意识形态的日丹诺夫发起的，1947年6月，日丹诺夫对爱因斯坦的宇宙学提出了批评：“由于不懂得辩证的认识途径，也不懂得绝对真理与相对真理的相互关系，许多爱因斯坦的跟随者，将研究有限、有边的局部宇宙的运动定律所得到的结果，转用于无限的宇宙整体，因而已开始谈论有限的宇宙、时空的边界。”[7]

日丹诺夫的讲话引发了关于相对论哲学基础的新辩论，这场争论持续到1955年。

2）“文革”前国内对爱因斯坦理论的批判

1949年新中国成立后，苏联对中国有着广泛的影响，苏联开展的批判相对论的运动很快传到中国，由此引发了在中国展开对相对论的批判。1951年，在中国科学院主办的刊物《科学通报》上，翻译发表了卡尔波夫的“论爱因斯坦的哲学观点”一文。卡尔波夫在文中说爱因斯坦的哲学观点是一种物理学的唯心主义，同时，他还把爱因斯坦说成是“一位大物理学家，但也是很小的哲学家[8]”。

卡尔波夫的这句话来源于列宁，列宁在批评德国化学家奥斯特瓦尔特（W·Ostwald）时，使用了“伟大的化学家，渺小的哲学家”这句话。此后这句话成为经常被一些人引用的一个格言。卡尔波夫的文章发表后，爱因斯坦在中国的形象很快变成了：一位伟大的物理学家，但同时是一个渺小的唯心主义的哲学家。

1955年爱因斯坦去世，同年5月，周培源教授在《物理学报》上发表一篇纪念文章《阿·爱因斯坦在物理上的伟大成就》。周培源是中国物理学会的会长，他的文章反映了当时中国物理学界对爱因斯坦的评价。周培源概述了爱因斯坦在狭义相对论、广义相对论和物理学其他领域的重大贡献之后，在文章的最后一段写道：“我们也必须正视爱因斯坦的缺点……他是一位能发现物理规律的唯物主义者，可是他对他所发现的物理规律表示哲学意见时，经常从唯心主义的观点出发。错误的哲学观点不能不妨碍科学事业的前进。要能批判爱因斯坦的唯心论观点，深入地掌握他的学说，从而能更有效的学习近代物理学，我们物理学工作者必须加紧学习马克思列宁主义，建立和掌握辩证唯物主义的世界观与思想方法[9]。”

1957年，科学出版社出版了张宗燧教授所著的《电动力学和狭义相对论》一书，书中第37节的题目为“与相对论有关的唯心思想的批判”，在这一节里，对爱因斯坦相对论的唯心思想做了简单的叙述和批判。通过这本书，我们可以大致了解当年批判爱因斯坦相对论的一些内容[10]：

“第一种唯心思想是：既然两件事情的时间间隔、空间距离对于不同的观察者是不同的，那么时空是带有‘主观’性质的。这一点的错误是极易看出的。”

“第二种唯心思想是：既然时间间隔是相对的，而事情的先后对所有的观察者是一致的，因此，时间间隔的值没有绝对意义，而时刻的先后是有绝对意义的，因此时间只是‘事情的排列’。又因排列是‘感觉’的，因而时间存在于‘感觉’中。”

“第三种唯心思想是：时间必须通过测量而才有意义。”

张宗燧文章中的主要观点均引自卡尔波夫等人的文章，由此可见，当时的中国学者是跟随苏联学者批判爱因斯坦。随着1956年中苏关系发生了微妙的变化，苏联对中国的影响也日益减弱。在1956年至1960年代中期，国内再没有出现对爱因斯坦相对论的集中批判。但这时爱因斯坦仍然被定格为“伟大的科学家和渺小的哲学家”。

3）1966—1974年国内对相对论的批判

在20世纪60—70年代，国内出现了一场对爱因斯坦相对论的批判，批判主要集中在北京和上海两个地方。

当时在北京有两个“学习班”比较有名，一个是北京航空学院办的“相对论学习班”。还有一个就是中国科学院办的学习班。上海署名为“李柯的写作组”从四个方面对爱因斯坦相对论进行批判。文章的题目分别是：“评爱因斯坦的时空观”“评爱因斯坦的运动观”“评爱因斯坦的物质观”和“评爱因斯坦的世界观”。发表在《复旦学报(自然科学版)》以及《自然辩证法杂志》上。

4) 1974—1977 年，国内围绕大爆炸宇宙学展开的争论

20 世纪 60 年代，天体物理学取得了很大的进展，先后出现一些重要的发现，特别是中子星和微波背景辐射的发现，极大地促进了天文学、天体物理学和宇宙学的研究，黑洞和大爆炸宇宙学逐渐成为了物理学的热点。当时中国科技大学的几位教师注意到了国际物理学的变化，在 20 世纪 70 年代初，开始转向天体物理学的研究，其中的一位后来成为了科学界的“著名人物”。他和几个科技大学的同事成立了一个相对论天体物理研究小组。1972 年，在新创刊的《物理》杂志上发表了一篇文章，题目是“关于标量-张量理论中含物质及黑体辐射的宇宙解”，此文是在国内发表的第一篇关于大爆炸宇宙学的论文。1974 年，他又在《科学通报》上发表了“关于黑洞的一些物理问题”，这篇文章也是国内最早关于黑洞方面的论文[16, 17]。

在 1972 年之前，国内没有人发表过大爆炸宇宙学方面的文章，因为这个理论与恩格斯的论述相矛盾。由于这个原因，他的文章发表后，很快就有人提出了批判。1974 年，柳树滋发表了《学习“唯物主义和经验批判主义”》一文，文中对大爆炸宇宙学进行了批判[18]。

由此引发了一场关于相对论及其宇宙学的争论。争论的一方以恩格斯的《反杜林论》《自然辩证法》和列宁的《唯物主义和经验批判主义》作为理论依据，对大爆炸宇宙学进行批判；而另一方则竭尽全力地为大爆炸宇宙学进行辩护。从 1974—1977 年，这场关于相对论及其宇宙学的争论持续了将近 4 年，期间一共发表了 30 多篇文章。随着“文革”的结束，这场对大爆炸宇宙学的批判也停止了。

1.2 为爱因斯坦公开平反

1976 年 10 月，中国进入了改革开放的新时期。1978 年，全国科学大会在北京召开，会上提出了科学技术是生产力的论断。此后，科学工作得到了国家的高度重视。在这一历史背景下，相对论物理学家许良英提议，在爱因斯坦百年诞辰的时候举办一次纪念活动，为爱因斯坦公开平反，他的建议得到了采纳。

1979 年 2 月 20 日，中国科学技术协会、中国物理学会和中国天文学会在北京联合举办了一场盛大的纪念集会，纪念爱因斯坦 100 周年诞辰。爱因斯坦的生日是 3 月 14 日，这次集会的组织者有意使中国的纪念活动早于其他国家，以表示更为重视。

中国科协代主席周培源在大会上做了主题演讲，周培源对爱因斯坦做了全面的重新评价，称赞爱因斯坦在科学史中的地位只有哥白尼、牛顿和达尔文可以与其相比，同时，周培源对“文革”期间对爱因斯坦和相对论的批判进行了谴责。

此次集会的主要目的是为爱因斯坦平反，“恢复他的伟大科学家的光辉形象”。显然，这一目的达到了，此后，国内的科学刊物上，再也看不到批评爱因斯坦的文章了。

总之，从 20 世纪 20—70 年代末，中国和苏联都曾发生了对爱因斯坦理论的批判，而且，批判的重点都是爱因斯坦的“唯心主义思想”。今天，我们重新对这场批判进行考察，不难发现当年的有些观点是站不住脚的。

首先，当年的许多批判文章不是针对相对论理论本身进行的，而是针对爱因斯坦的某次讲话，或从爱因斯坦的文章中摘录出一段话来进行批判，这种断章取义的做法，实际上扭曲了爱因斯坦的原意。

其次，当年一些文章中的观点，反映的并不是作者的本意，而是在当时政治压力下说了一些违心的话，后来，许多作者都修改了他们的观点。下面我们不妨以周培源为例，说明这一问题。

前面提到周培源在 1955 年的文章中，曾对爱因斯坦的“唯心主义思想”提出了批评。周培源写这篇文章时，苏联正在批判爱因斯坦的唯心主义哲学思想，而中国正在全面向苏联学习。在这一历史背景下，周培源才写了前面那段话。后来，在 1979 年在纪念爱因斯坦 100 周年诞辰的大会上，周培源特别强调，爱因斯坦的相对论不是“唯心论”，而是“自然科学唯物论”。周培源说：“他从自然科学唯物论的立场出发，认为实践是知识的唯一源泉。他说‘一切关于实在的知识，都是从经验开始，又终结于经验’‘唯有经验能够判定真理’。”

由此可见，周培源 1955 年文章中的观点，并不是他的真心话，关于这一点，从后来出版的《周培源文集》中也可以得到验证，在 1980 年出版的《周培源文集》中，虽然收录了他于 1955 年写的那篇文章，但文章中那段批评爱因斯坦唯心主义思想的话却被删掉了。

通过以上考察，我们可以得出这样的结论，长期以来，人们把马克思主义与爱因斯坦理论的分歧归结为唯物论与唯心论的分歧，这种观点是不正确的。为什么马克思主义与爱因斯坦相对论存在矛盾，从上面那些批判文章中也找不到答案，若想回答这一问题，我们必须重新对这两个理论进行研究。

1.3 20世纪80年代围绕宇宙学展开的一场争论

这场争论的起因是，随着改革开放、国门打开，西方的一些思想、理论、学说涌入中国，随着国门的打开，受西方思想影响，国内科技界的某些人提出了马克思主义过时了的观点。前面提到，1972年，科技大学的一位教师最先把大爆炸宇宙学引入国内，其后宇宙学逐渐成为自然科学的一个热点，这位教师在国内的学术地位也迅速提高。随着地位的提高，他对当年那场对宇宙学的批判开始进行回击，同时，他还提出：恩格斯《自然辩证法》中的论断已经过时了，列宁不懂物理，进而得出建国以来所有（马克思主义）哲学对自然科学的指导都是错误的。当时担任中国科协主席的钱学森意识到这种言论的危害，于是明确提出：我们的一切科学技术研究都应以马克思主义哲学作为指导；钱学森认为，要么放弃马克思主义的科学论断，要么批判大爆炸宇宙学的谬误，“二者必居其一”。由此引发了两人之间的一场争论。（《钱学森书信选》[21]，第67页）

钱学森认为：“现在国外有的天文工作者，忽视这些物质结构的无穷层次，他们用爱因斯坦的广义相对论推导出所谓宇宙膨胀理论，说现在我们整个宇宙在膨胀，遥远的星系在离我们向外走，而且越远的星系走的越快。这种理论令人着急的是，居然算出来膨胀的起点大概在一百多亿年以前。如果要问一百多亿年以前怎么样？回答不出来了。我认为这样的理论是不符合马克思主义哲学的。一个是时间有了起点了，这不是笑话吗？再一个，认为物质的层次只限于星系，上面再没有物质的层次了，都是均匀的了，这也不合理。所以说，自然科学的研究如果撇开了马克思主义哲学的指导是危险的。”（《钱学森讲谈录》[20]，第232页）从上面这些论述中我们不难看出，钱学森对当时正在流行的霍金的理论，以及大爆炸宇宙理论是持批评态度的。

通过对相对论争论的历史考察，我们不难发现，由这一争论可以引出几个理论问题：

（1）相对论争论反映了马克思主义理论与爱因斯坦相对论之间的矛盾。马克思主义是一门科学，爱因斯坦相对论也是一门科学，两个科学理论出现了矛盾，表明在这两个理论中一定有一个出现了问题。那么，马克思主义与爱因斯坦相对论为什么存在矛盾，矛盾产生的根源是什么，是马克思主义正确，还是爱因斯坦理论正确？这是今天摆在我们面前的一个重要理论问题。

（2）围绕宇宙学展开的争论反映了两种宇宙观的冲突，因此，弄清马克思主义的宇宙观，即恩格斯《自然辩证法》中的宇宙观与爱因斯坦的宇宙观的主要分歧在哪里？这是我们需要解决的又一个问题。

(3) 钱学森与中国科技大学那位教师之间的争论，实际上反映了钱学森与霍金的分歧，那么，钱学森与霍金等宇宙学家的主要分歧是什么？究竟谁的观点对呢？这是我们需要研究的第三个问题。

以上就是由这场争论引出的三个问题，为了弄清这些问题，在过去的 30 年里，我反复研读爱因斯坦文集，重新推导了相对论的公式；同时，还阅读了亚里士多德、黑格尔、马克思、恩格斯、列宁的重要著作，以及霍金等人的文章，经过 30 年的不懈努力，终于找到了答案。本书将给出我对上述三个问题的研究结果。

第2章　马克思主义哲学与爱因斯坦相对论之间的矛盾产生的根源

30多年前，在中国科学界发生的一场争论，通过对这场争论的分析我们引出了几个问题，其中的一个问题是马克思主义与爱因斯坦相对论为什么存在矛盾，矛盾产生的根源是什么？本章我们就讨论这个问题。

2.1　两个理论长期争论不休的原因以及解决这一问题的方法

在讨论这个问题之前，我们先讨论另外一个问题：为什么马克思主义与爱因斯坦相对论之间的争论长期僵持不下？

从1922年苏联开展对相对论的批判以来，马克思主义与爱因斯坦理论之间的争论从未停止过，时而马克思主义占据上风，时而爱因斯坦理论占据主动，双方的争论长期僵持不下，至今不分胜负。那么，造成这一状况的原因是什么呢？要弄清这个问题，我们需要对两个理论体系的逻辑结构进行分析。

目前，科学理论大都采用公理化的方法进行表述，欧几里得的《几何原本》是公理化的典范，在《几何原本》中，欧几里得首先给出了几何学的公理系统（包括5条公理和5个公设），然后通过逻辑推理和几何证明，最后得到几何定理。由此可以看出，一个公理化的理论体系由3部分构成：

公理系统—逻辑推理—结果即定理

爱因斯坦理论也是一个公理化的理论，以广义相对论为例，爱因斯坦首先给出几个基本原理，包括广义相对性原理、等效原理等，这些基本原理构成了广义相对论的公理系统，从这些原理出发可以建立爱因斯坦场方程，然后通过求解场方程，便可得到广义相对论的结果，因此，广义相对论也由3部分构成：

基本原理—场方程—相对论的结果

从公理化的角度看马克思主义，唯物辩证法的基本规律：对立统一规律、质量互变规律和否定之否定规律，是马克思理论的公理系统，从这些基本规律出发，利用辩证逻辑的分析方法，便可得出马克思主义哲学的重要结果(观点或论断)。因此，马克思主义哲学理论也由3部分组成：

基本规律—辩证逻辑分析—观点或论断

如果对历史上发生过的马克思主义与爱因斯坦相对论之间的争论进行考察，便不难发现，以往的争论都是以结果PK结果的方式进行的，即以马克思主义的某一论断为依据，对相对论的某个结果进行批判；或反过来，以相对论的某一结果为依据，指责马克思主义的某个观点有问题。

作者通过研究发现，这种以结果PK结果的方式展开的论战，是导致这两个理论长期争论不休的主要原因。

下面，通过一个例子来说明这个问题。

1917年，爱因斯坦把广义相对论用到宇宙学，建立了一个有限宇宙理论，此后人们又在爱因斯坦有限宇宙理论的基础上，建立了大爆炸宇宙理论，由于这个理论与恩格斯提出的宇宙在空间和时间上都是无限的论断相矛盾，因此，从20世纪40年代开始，马克思主义者与相对论物理学家围绕着“宇宙是有限的，还是无限的?”展开了争论，钱学森与中国科技大学一位教师的争论也涉及这个问题，这场争论持续到现在也没有结论。

为什么这场争论会僵持不下呢? 原因很简单，目前人类刚能够脱离地球，连太阳系都飞不出去。我们知道，银河系里大概有上千亿个太阳，宇宙中有上千亿个银河系，太阳系对于浩瀚的宇宙来说只是沧海一粟。在目前的情况下，如果有人问宇宙的边界在哪里? 宇宙是有限的，还是无限的? 依据现有的科学水平，显然是无法回答这些问题的。因此，用结果PK结果的方法，人们无法判断究竟是马克思主义正确，还是爱因斯坦相对论正确。

若想解决马克思主义与爱因斯坦相对论究竟哪个理论是正确的，我们必须改变研究方法，不能再采用结果PK结果的方法，而应采用公理PK公理的方法，也就是说，我们应该从两个理论的源头开始进行分析，把马克思主义与爱因斯坦相对论结果之间的矛盾，转换成两个公理系统之间的矛盾，即马克思主义的基本原理与爱因斯坦相对论的基本原理之间的矛盾。

2.2　马克思主义与爱因斯坦理论之间矛盾产生的根源

我们知道，任何理论的建立都离不开思想和逻辑，因此，若想弄清马克思主义和爱因斯坦理论之间为什么会产生矛盾，我们需要从这两个理论的思想起源及逻辑方法上进行分析。

马克思主义有两个思想来源，一个是费尔巴哈的唯物论，另一个是黑格尔的辩证法。马克思是采用辩证逻辑的思维方式，把黑格尔的辩证法与费尔巴哈的唯物论结合起来，建立了马克思主义哲学，即辩证唯物主义。

辩证唯物主义有3个基本规律：对立统一规律、质量互变规律和否定之否定规律。其中对立统一规律是马克思主义哲学理论中一个最重要的规律，也是辩证唯物主义的核心。

在哲学思想发展的初期，人们就已经有了关于对立面的斗争和转化的思想。古希腊哲学家赫拉克利特认为一切都是经过斗争产生的。中国古代儒家经典《易经》用阴和阳两种对立力量的相互作用来解释事物的发展变化。近代德国哲学家黑格尔以唯心主义的方式系统地表述了关于对立统一的思想。

黑格尔认为世界的本源是精神性的理念，整个世界不外是绝对理念自我认识、自我实现的过程。虽然黑格尔的哲学带有唯心主义的色彩，但其中也包含着一个内容丰富的辩证法纲要。这个辩证法纲要包括对立统一、质量互变、否定之否定三大规律；关于事物自身运动、普遍联系和相互转化；关于辩证法贯穿其中的本体论、认识论、逻辑的统一，以及事物发展中渐近过程的中断、飞跃和螺旋上升的圆圈形式等。黑格尔的辩证法纲要成为后来马克思主义哲学的一个直接来源。

马克思批判地改造和吸取了黑格尔的合理思想，并把它与费尔巴哈的唯物论思想结合起来，创立了马克思主义哲学，即辩证唯物主义，在辩证唯物主义中深入地揭示了对立统一规律，并给予科学的论述。对立统一规律告诉我们，任何事物都包含着内在的矛盾性，矛盾双方的又统一又斗争，即对立统一推动着事物的发展。

关于马克思主义的思想来源和对立统一规律，由于许多书中都有论述，这里就不再重复了，下面重点分析爱因斯坦相对论的思想来源。

爱因斯坦相对论属于公理化的理论，公理化的鼻祖是古希腊数学家欧几里得。欧几里得在科学上的重要贡献是他完成了一部划时代的巨著——《几何原本》，这部著作的意义在于它用公理化的方法建立了一个完整的理论体系。《几何原本》对后来科学的发展产生了巨大的影响，无论是牛顿的《自然哲学的数学原理》还是爱因斯坦的相对论都深受其影响。爱因斯坦曾说过："我们推崇古代希腊是西方科学的摇篮，在那里，世界第一次目睹了一个逻辑体系的奇迹，这个逻辑体系如此精密地一步一步推进，以致它的每一个命题都绝对不容置疑——我这里说的是欧几里得几何学"。

欧几里得的公理化方法大概地说，首先给出一些基本原理(公设或公理)，然后用演绎推理的方法建立其理论。1914年，爱因斯坦接受了普鲁士科学院授予他的院士职位，在接受院士职位的演讲中，爱因斯坦介绍了他的研究方法，爱因斯坦说："理论家的方法，在于应用那些作为基础的普遍假设或者'原理'，从而导出结论。他们的工作可分为两部分，他们必须首先发现原理，然后从这些原理推导出结论。”[26]

由此可见，一个公理化的理论是否正确，关键在于其基本原理是否正确。那么，怎样发现或提出基本原理呢？爱因斯坦在上述讲话中并没有提及，不过，对爱因斯坦的著作进行研究便不难找到答案。1953年4月23日，爱因斯坦在给斯威策的回信中写道：“西方科学的发展是以两个伟大的成就为基础的：希腊哲学家发明的形式逻辑体系，以及发现通过系统的实验可能找出因果关系。”[27]

从上面这段话可以看出，爱因斯坦认为西方科学的发展得益于两种方法，一种是伽利略开创的实验方法，另一种是古希腊人发明的形式逻辑方法。如果我们沿着这一思路对爱因斯坦的理论进行考察，便不难发现相对论中的基本原理就是根据这两种方法提出来的。

1905年，爱因斯坦建立了相对论，在相对论中他给出了两个基本原理，一个是光速不变原理，另一个是相对性原理。显然，光速不变原理的提出，爱因斯坦依据的是物理实验的结果，而相对性原理则受到了亚里士多德思想的影响。

亚里士多德是古希腊著名哲学家、逻辑学家和科学家，他还是形式逻辑的创始人。亚里士多德著有大量著作，是希腊古典文化的集大成者，他的著作对后来西方哲学和科学思想的发展产生了巨大的影响。在他的思想影响下，出现了欧几里得《几何原本》这样的传世名著。

亚里士多德有两部著作与物理学关系密切，一部叫“物理学”，另一部如果按照原文的意思应该翻译成“物理学之后”。亚里士多德把研究有形的、可感知实体的科学称为“第二哲学”；把研究无形的、超感性的东西(例如质料、形式、潜能、神和第一推动者等)的科学称为“第一哲学”。亚里士多德把“物理学”归属于“第二哲学”，主要研究无生命物质(可感知的实体)的构成形式、运动现象以及原因和目的。而“物理学之后”讨论的则是“第一哲学”。

“物理学之后”这个名词不是亚里士多德给出的，而是由古希腊的一位哲学教师安德罗尼克给出的。亚里士多德的著作很多，许多著作在世时没有出版，他逝世300年后，安德罗尼克对其进行了编辑。安德罗尼克把亚里士多德论述超感知的，即经验以外对象的著作，安排在关于有形物体的学说即“物理学”的后面，并以此命名。“物理学之后”这本书传到中国后，由于《周易》中有“形而上者谓之道，形而下者谓之器”的说法，意思是，在有形体的东西之上的、凭感官感知不到的东西叫作道，有形体的、凭感官可以感知的东西叫作器，据此，严复把“物理学之后”翻译成“形而上学”。

这就是“形而上学”一词的本来意思，爱因斯坦的相对性原理反映的正是亚里士多德的这一思想。相对性原理本身不是物理规律，但爱因斯坦却把它放到所有物理规律之上，要求物理规律都应该满足相对性原理的要求，因此，可以说相对性原理是一个置身于所有物理规律之上的、形而上学的原理。

了解了以上情况，我们就不难理解为什么马克思主义与爱因斯坦相对论存在矛盾了。我们认为，马克思主义与爱因斯坦理论之间的争论，并不像苏联学者所说的（或 1978 年以前一些批判文章所说的），是唯物主义与唯心主义之间的争论，而是辩证法与形而上学的争论。

马克思主义是按照黑格尔的辩证法思想建立的理论，对立统一规律是其中的一个重要规律。而相对论则是按照形式逻辑的方法建立的理论，其中的相对性原理是根据亚里士多德的形而上学思想提出来的。

马克思主义与爱因斯坦相对论之所以存在矛盾，原因就在于这两个理论的思想来源存在着矛盾，即辩证法与形而上学之间存在矛盾。说得更具体些就是，对立统一规律与相对性原理的分歧是马克思主义与爱因斯坦相对论之间出现矛盾的根本原因。

找到了马克思主义与爱因斯坦相对论之间矛盾产生的原因，随之而来一个新的问题产生了：对立统一规律正确还是相对性原理正确呢？下面我们就来分析这个问题，首先讨论相对性原理。

第 3 章　对相对性原理的重新研究

《爱因斯坦传》的作者亚伯拉罕在其书中写道："如果要用一句话来写他的科学传记，我会写：'同他以前和以后的任何人相比，他更好的发明了不变性原理'"。确实不变性原理，即相对性原理反映了爱因斯坦相对论的一个主要思想，这一思想贯穿了狭义相对论和广义相对论。因此，要想理解爱因斯坦理论，我们必须把握相对性原理的主要思想，了解这一思想的历史以及后来的发展。

3.1　相对论是基于对称性的思想建立起来的理论

我们知道，相对性原理反映了物理规律的不变性，即对称性。对于对称性的研究在物理学上有相当长的历史，早在牛顿时代，物理学家就已经了解到对称性，但在牛顿力学里，对称定律仅是动力学定律的推论，对称的重要性并没得到普遍的认识。真正把对称的概念引入物理学是在 19 世纪 40 年代。

19 世纪 40 年代，随着能量守恒定律的发现、哈密顿原理的提出和群论的诞生，物理学家和数学家开始对守恒规律、不变性和对称性进行了系统的研究。虽然能量守恒定律在 19 世纪 40 年代就已发现，但是，守恒律与对称性之间的关系直到 20 世纪才被认识，而首先把对称的概念引入物理学的应该归功于英国物理学家哈密顿。

哈密顿是 19 世纪英国著名物理学家，他在分析力学的研究中，发展了拉格朗日的思想，借助广义坐标和广义动量的概念，建立了一个具有对称性质的哈密顿正则方程：

$$\frac{\partial H}{\partial q_i}=-\frac{\partial p_i}{\partial t}$$

$$\frac{\partial H}{\partial p_i}=\frac{\partial q_i}{\partial t}$$

哈密顿正则方程所呈现的优美的对称性，给人们留下了深刻的印象。

哈密顿不仅发展了牛顿力学中的对称性思想，而且他还通过正则方程把光学和力学联系起来。1834 年，哈密顿曾说："这套思想和方法也已应用到光学和力学，看来还有其他方面的应用，通过数学家的努力还将发展成为一门独立的学问。"哈密顿这里所说的"这套思想和方法"指的就是对称性的思想方法。

随着量子力学的发展，物理学中开始大量地使用对称观念，描述物理系统状态的量子数常常就是表示这系统对称性的量。哈密顿原理在量子力学中的作用之大，量子力学的创始人之一薛定谔是这样评价的："哈密顿原理已经成为现代物理学的基石……如果你要用现代理论解决任何物理问题，首先得把它表示为哈密顿形式。"

在物理学的发展中我们常看到这样一种现象，物理学的许多重要思想首先都来源于数学。不论是牛顿还是爱因斯坦，他们的工作都深受数学的影响。牛顿的《自然哲学的数学原理》明显是按照《几何原本》的模式写成的：无论是定义、定理和格式，还是从牛顿三定律到万有引力定律，都是效仿欧几里得公理化的方法论述的。爱因斯坦广义相对论的思想则是来源于非欧几何学。

这里我们要说的是，物理学中有关守恒定律与对称性关系的研究，这一工作也是起源于数学。伽罗华创立群论后，数学家对不变量，即对称性进行了系统的研究。希尔伯特对 19 世纪不变量理论进行了总结，他把 19 世纪不变量理论的发展分成 3 个阶段：朴素阶段(naïve period)、形式阶段(formal period)、转折阶段(critical period)；这 3 个阶段的主要代表人物分别是布尔、果尔丹和希尔伯特。19 世纪，果尔丹和希尔伯特等人关于数学不变量的研究，到 20 世纪初，终于在物理学上得到了应用，这就是著名的诺德定理：对称对应于守恒。直线运动产生的对称相当于动量守恒；转动的对称性相当于角动量守恒；而时间的对称性相当于能量守恒。换句话说，大千世界种种运动之所以产生守恒性，是因为事物内部存在着对称性。

总之，从 19 世纪 40 年代以来，人们对守恒、不变性和对称性进行了系统的研究。经过近百年的努力，到 20 世纪初，人们才最终认识物理规律的不变性、时间空间的对称性以及物理守恒定律三者之间的密切联系。按照现代物理学的观点，对称性、不变性和守恒律在本质上是同一个概念，只是侧重点不同而已。物理规律在一定的时空变换下的不变性，分别对应于时间和空间的不同对称性；而从时间的均匀性、空间的均匀性以及空间的各向同性这些对称性原理出发，经过严谨的推理，人们可以推导出能量守恒定律、动量守恒定律以及动量矩守恒定律，因此，可以说这些守恒定律就起源于时空的对称性。

回顾历史，我们不难发现，从 19 世纪 40 年代到 1956 年在这 100 多年间，关于对称性、不变性和守恒律的研究成为数学家和物理学家的一个主要方向，这期间人们取得了一系列的成果，其中包括群论的诞生、能量守恒定律的发现、哈密顿原理、克莱因的埃尔兰根纲领的提出，果尔丹和希尔伯特等人关于数学不变量理论的研究，以及由此导致的诺德定理的证明。

正是在这一历史背景下，爱因斯坦于1905年建立了狭义相对论。1921年，爱因斯坦在英国演讲时说相对论“不过是一条可以回溯几世纪的路线的自然继续。”爱因斯坦在这里所说的路线实际上是一条关于对称性的思想路线。这个思想就是“物理规律都是对称的”，爱因斯坦还把这一思想用公理的形式表述出来，这就是狭义相对性原理，这个原理和光速不变原理一起构成了狭义相对论的基石。

因此，对称性思想是相对论的一块基石，相对论本质上是关于对称性的理论，例如，狭义相对论的对称性的思想就体现在狭义相对性原理中：物理学的定律在所有惯性参考系中都是相同的。

在20世纪50年代中期之前，相对性原理所体现的这种不变性或对称性的思想，是物理学家普遍接受的。然而，在相对论建立50年后，人们在对称性研究方面却得出了一个出人意料的结果，这就是1956年杨振宁和李政道提出的弱作用下宇称不守恒，这一重大发现开创了对称性破缺的研究，同时，也改变了人们关于对称性的认识。

3.2　一个出人意料的结果——宇称不守恒[28~31]

我们知道，物理学中有许多守恒定律，例如，动量守恒、角动量守恒和能量守恒等，由诺德定理可知，动量守恒对应于空间平移对称性，角动量守恒对应于空间转动对称性，能量守恒对应于时间平移对称性。除了这些人们熟知的守恒定律外，物理学中还有一个守恒定律，这就是宇称守恒，宇称守恒对应于空间反演对称性。

所谓空间反演指的是对于一个中心点的、空间坐标同时反过来的操作。例如，对于坐标原点，反演的坐标变换关系是将坐标(x, y, z)变成$(-x, -y, -z)$。数学上可以证明三维空间反演变换可以被分解为两个变换：一个是镜像反射，另一个是$180°$的旋转变换。镜像变换把左手变成了右手，因此镜像对称常说成左右对称。旋转变换不会使系统的状态发生改变，无论空间怎么旋转，左手仍然是左手，另外，空间转动变换下物理规律具有不变性，考察空间反演变换实际上和考察镜像变换是等价的，因此，有时也说宇称守恒对应于左右对称。

在20世纪50年代中期以前，通过对强相互作用、电磁相互作用的长期研究，大量的实验证明宇称守恒定律是正确的，即物理规律在上述相互作用下都是左右对称的。因此，这一观点很自然地被人们所接受并加以推广，当时，物理学家认为左右对称是物理学的普遍规律，在弱相互作用下也成立。

然而，有一个问题却困扰着物理学家，这就是“$\vartheta-\tau$ 疑难”。

20 世纪 40 年代末，物理学发展了一个新的领域，这就是粒子物理学。我们知道，基本粒子是构成所有物质的基本单元。随着科学技术的不断发展，人们对基本粒子的认识是不断深化的。在古希腊时期，人们认为物质是由原子组成，原子的词义就是不可分的意思，所以，原子是古希腊人的基本粒子。1911 年，卢瑟福做了著名的 α 粒子散射实验之后，科学家发现原子是可以分割的，原子是由中间大质量的、带正电荷的原子核和外层带负电荷的电子组成的。1932 年，英国科学家查德威克发现了中子，使人们弄清了原子核也是可分的，是由质子和中子构成。至此，人们已经知道了 5 种基本粒子，它们是质子、中子、电子、正电子和光子。

第二次世界大战后，随着实验技术的不断改进，特别是大型加速器建造起来后，人们可以把粒子束加速到能够打击各种粒子，以产生新的粒子的程度。这样一大批新的粒子发现了。现在人们知道的基本粒子已有数百种，而且，这个数量还在增加。1947 年，两位英国实验物理学家从宇宙线的实验中发现，当物质被高能量的粒子撞击的时候，在碎片中会产生新的粒子。科学家把这种非同寻常的粒子叫奇异粒子。

在这些奇异粒子中最使科学家大惑不解的，也使他们最感兴趣的是两个奇异粒子：ϑ 介子和 τ 介子的奇怪特征。物理学家发现，ϑ 介子和 τ 介子具有几乎完全一样的性质：相同的质量、相同的寿命、相同的电荷，以致人们不得不怀疑它们是否就是同一种粒子。然而，它们在宇称上的表现却又完全不同。ϑ 介子和 τ 介子衰变时，表现出完全相反的宇称。ϑ 介子和 τ 介子是不是同一种介子呢？研究基本粒子的物理学家把这个问题称为“$\vartheta-\tau$ 疑难”。

图 3-1　李政道和杨振宁

1956 年，李政道和杨振宁(见图 3-1)在研究物理学的一个难题——“$\vartheta-\tau$ 疑难”时发现，在电磁相互作用和强相互作用中，宇称守恒是有大量实验证明的；但是，在有关 ϑ 和 τ 介子衰变和 β 衰变等弱相互作用的实验中，却没有任何实验能够说明宇称守恒或者不守恒，也没有专门的实验检验这一问题。他们认为，弱相互作用中宇称也守恒只不过是人们的一种推想，而被大家接受下来。于是，李政道和杨振宁把一个关于 $\vartheta-\tau$ 介子的孤立问题演变成一个具有广泛意义的重要问题，即在所有弱相互作用中宇称是否守恒。

1956年6月，李政道和杨振宁向美国《物理评论》提交了《弱相互作用中的宇称守恒问题》的论文，文章中写道："宇称守恒至今仍然只是一个外推性的假设……为了毫不含混地确定在弱相互作用中宇称是否守恒，我们必须完成一个实验来确定在弱相互作用中左右是否不相同。下面我们讨论一些可能达到这一目的的实验。"

接着文中具体建议在原子核的β衰变和基本粒子衰变中可以通过哪些实验来检验宇称是否守恒，他们一共提出五个实验，其中一个就是极化^{60}Co原子核的β衰变实验。1957年吴健雄(见图3-2)等人进行了这一实验，她以两套装置中的^{60}Co互为镜像，一套装置中的^{60}Co原子核自旋方向为左旋，另一套装置中的^{60}Co原子核自旋方向为右旋，结果发现在极低温情况下，放射出来的电子数有很大的差异，吴健雄等人第一个用实验证实了弱相互作用过程中宇称的确是不守恒的。

图3-2　吴健雄

吴健雄在实验完成后，有两个星期兴奋得无法入睡，再三问自己：为什么老天让她来揭示这个奥秘呢？她还深有体会地说："这件事给我一个教训，就是永远不要把所谓'不验自明'的定律视为是必然的。"[31]

3.3　相对性原理与后来物理学的重大发现相矛盾

前面提到，爱因斯坦的相对论本质上是一个关于对称性的理论，它要求物理学的规律都满足对称性，即物理规律从一个坐标系变换到另一个坐标系时，其数学形式(描述物理规律的数学方程)保持不变。然而，随着物理学的发展，"物理规律都是对称的"观念受到了挑战。1956年，杨振宁和李政道首先对这一观念进行了挑战，他们提出在弱相互作用中"宇称不守恒，左右不对称"。杨振宁和李政道的工作被证实后，物理学家们就面临一个重大难题，那就是为什么宇称守恒会破缺，是什么机制促使它发生的，1957年，美籍日本学者南部阳一郎提出了"对称性自发破缺"的观点，对此进行了理论解释。

1964年，两位美国物理学家克罗宁和菲奇对弱相互作用进行了更加深入细致的研究，他们发现除了P不对称外，CP也不对称，即CP对称也被破缺了。1972年，两位日本物理学家小林和益川，对CP对称性破缺的机理进行了研究，他们提出宇宙中存在6种夸克，在此之前，人们只知道3种夸克。他们的预言很快得到了证实,1974 年发现了第 4 种夸克,1977 年又发现了第 5 种夸克,最后 1 个夸克也于 1995 年被确认,至此,CP 对称性破缺的机理得到了很好的解释。

上述这些工作都获得了诺贝尔物理奖,李政道和杨振宁的工作获得了 1957 年的诺贝尔奖,克罗宁和菲奇等人的工作获得了 1980 年的诺贝尔奖,南部阳一郎和另外两位日本学者则分享了 2008 年的诺贝尔物理奖。另外,他们的工作还给物理学带来一种新的观念,这就是物理学不是完全对称的。关于这个问题,2003 年李政道在接受记者采访时,对此是这样论述的:

“在 1956 年以前,从经典物理到近代物理,都是对称的物理。1956 年以后,大部分的物理现象都发现有不对称性。不仅是宇称不守恒和左右不对称,电荷的正负也不对称,时间反演也不对称,真空也不对称,因而夸克可以被禁闭,不同的中微子间可以互相转换变化,连质子也可能不稳定……当然,并不是 1956 年忽然改变了外界的宇宙,而是 1956 年我和杨振宁发表的宇称不守恒的文章,改变了整个物理学界以前在‘对称’观念上的一切传统的、根深的、错误的、盲目的陈旧见解。”

换句话说,在 1956 年以前,物理学还处于对称性的时代,然而,随着宇称不守恒的发现,物理学开始进入了一个新的时代——对称性破缺的时代。

“对称性破缺”这个名词对许多人来说还很陌生,那么,什么是“对称性破缺”呢? 2008 年,瑞典科学院决定授予南部阳一郎等 3 人诺贝尔物理奖时,为了让公众能够理解这个概念,瑞典皇家科学院的拉斯·布林克给出了一个通俗的例子。

他说“地球是圆的”这句话粗略地看是没有问题的,但是如果把“地球是圆的”作为一个公设提出来,作为所有研究工作的出发点就有问题了,因为“地球并不是严格的球形,地球的赤道直径比起联结地球南北极的直径略大一些。”另外,“地球上还有山川、盆地,因此,物理学家会说:‘地球的对称性有微弱的破缺’,这就是说,物理定律中包含着类似地球形状一样的决定对称性被破缺的原理。”[32]

拉斯·布林克通过上面这个例子形象地阐述了一个思想:地球是对称的(圆的),但又不是完全准确的球体,存在一些小小的偏差。这就是对称性破缺的基本思想,把这一思想用更准确的语言来表述,就是著名物理学家费曼的一句话:“物理学几乎都是对称的,但又不完全对称,总存在一个小小的例外或破缺。”这就是目前物理学家们关于对称性的一个基本观点。

今天,如果我们用这一观点对爱因斯坦理论进行重新考察,便不难发现爱因斯坦建立相对论时的指导——对称性思想,以及他所提出的一个基本原理——相对性原理,并非完全正确,因此,建立在相对性原理基础上的爱因斯坦理论,不可能是一个完整、准确的理论,这个理论一定存在问题。

那么,爱因斯坦相对论存在什么问题呢? 下面,我们再换一个角度,把它上升到哲学的层面,看一看爱因斯坦理论究竟存在什么问题。

第4章 从马克思主义哲学角度看爱因斯坦理论存在的问题

4.1 对立统一规律的正确性需要用数学方法进行证明

在辩证唯物主义哲学中有一个规律叫对立统一规律。对立统一规律认为,在自然界、人类社会和人类思维等领域的任何事物中,都包含着内在的矛盾性,事物内部的矛盾推动了事物的发展。如果用对立统一规律来分析物理学,我们不难发现,对称性和非对称性是一对矛盾,如果一个理论仅考虑了矛盾的一个方面,而完全忽视了矛盾的另一方面,那么,这个理论就不可能是一个完善的理论。爱因斯坦相对论恰好就是这样的理论。在相对论中爱因斯坦仅考虑了对称性,而完全忽略了矛盾的另一方面——对称性破缺,这就是爱因斯坦相对论存在的问题。

在1978年之前,如果得出爱因斯坦的理论与马克思主义哲学的对立统一规律相矛盾,我们就可以根据对立统一规律说爱因斯坦的理论有错误。然而,今天再用这种方法论述问题就没有说服力了。毕竟相对论属于自然科学问题,如果要把对立统一规律用到自然科学领域,我们必须用自然科学的方法证明对立统一规律的正确性。在自然科学中,人们通常都是用数学方法进行证明的,因此,对立统一规律需要用数学的方法进行证明。

笔者对对立统一规律的认识经历了3个阶段:从最初的相信,到一度怀疑,再到坚信不疑这样3个阶段。下面我把这段认识过程记录下来,这对理解"为什么对立统一规律需要用数学的方法进行证明"这一观点会有所帮助。

本人第一次接触到对立统一规律是在中学时代,在学习毛泽东写的《矛盾论》的时候,《矛盾论》讲的就是对立统一规律。那时正处在"活学活用"毛主席著作时期,用当时的话来说,马克思主义是放之四海而皆准的真理,对立统一规律是自然、社会和人类思维普遍适用的一个规律。为了配合人们的"活学活用",《哲学研究》编辑部还出版了一本书《对立统一规律一百例》,书中用一百个实例来说明对立统一规律是一个普遍的规律。看到这一百个活生生的例子后,我相信了对立统一规律是正确的[33]。

我再次学习对立统一规律是在大学时代，在学习马克思主义哲学课程的时候，当时老师讲授对立统一规律时，仍然采用通过一些实例来说明对立统一规律是一个普遍的规律。随着知识的增长，我对这种靠举例子来论证一个理论的做法产生了疑问，我想：既然马克思主义是放之四海而皆准的真理，对立统一规律是一个普遍的规律，那么，把它放到数学里也应该正确，即对立统一规律在数学中应该是一个真理(定理)。

我们知道，数学中的真理是不能靠举例子的方法进行论证的，譬如，“三角形三个内角之和等于180度”这一命题，如果仅凭测量一百个或者一千个三角形所得结果都正确，就认为这个命题是一个真理，这样的论证在数学上是不成立的，只有对它进行严格的数学证明，数学家才承认这个命题是一个真理。因此，如果认为对立统一规律在数学中正确，必须给出严格的证明，如果不能给出这样的证明，那么，对立统一规律是一个普遍规律的说法就值得怀疑。

以上是我在大学时期产生的一个想法，到了读研究生的时候，这一想法得到了进一步的加强。当时，我已经注意到了相对性原理与对立统一规律是矛盾的，相对性原理认为所有的物理规律都是对称的，这不符合对立统一的思想。由此引出了前面提到的那个问题：究竟是马克思主义的对立统一规律正确，还是爱因斯坦的相对性原理正确?

为了彻底弄清这个问题，我开始学习研究爱因斯坦相对论、学习研究辩证法。在学习研究辩证法的过程中，我阅读了黑格尔的著作，黑格尔的著作很多，对我影响最大的是《哲学史讲演录》，在这本书中黑格尔阐述了一个观点，即逻辑与历史的统一[34]。

4.2 辩证逻辑的一个重要思想：逻辑与历史的统一

逻辑的理论不是唯一的，大体上说，既有形式逻辑，又有辩证逻辑，它们都源远流长，相对独立地发展着。逻辑学已有两千多年的历史，其发源地有3个，即古代中国、古印度和古希腊。

中国在春秋战国时期就产生了称之为“辩学”的逻辑学说，在《荀子・正名》和《墨经》中，系统地研究了名、辞、说、辩等内容，相当于现代逻辑所说的词项、命题、推理和论证等对象，逻辑思想十分丰富，但由于与一定的政治、道德理论掺杂在一起，未能形成独立的逻辑体系。

古希腊学者对逻辑进行了比较全面的研究，形成了独立的系统理论。亚里士多德的6篇逻辑论著被后人集为《工具论》，在历史上建立了第一个演绎逻辑系统，他被西方人誉为“逻辑之父”。

17世纪末，莱布尼兹设想用数学方法处理传统演绎逻辑，进行思维演算，数理逻辑由此发端。19世纪40年代，英国数学家布尔的逻辑代数首先使莱布尼兹的设想成为现实。到了20世纪初，在弗雷格等人的研究基础上，罗素和怀特海的《数学原理》建立了完全的命题演算和谓词演算，确立了数理逻辑的基础，从此产生了现代数理逻辑。此后，现代形式逻辑蓬勃发展，开拓了许多新的研究领域。

与形式逻辑相类似，人类对辩证思维的研究也是从古代的自发阶段，逐渐地发展到近代的自觉阶段。

从15世纪下半叶起，近代自然科学逐渐兴起，人们开始对各种自然现象进行分门别类的研究，但在这个阶段由于哲学上形而上学思维方式盛行，因而妨碍了对辩证思维的研究。到18世纪末和19世纪初，随着科学的发展，要求对自然现象和科学个部门之间的联系进行综合考察，这就向人们提出了自觉运用辩证思维的任务。在这一历史背景下，德国古典哲学家开始了对辩证思维理论的探讨，其中康德尤其是黑格尔最为突出。从这时起，辩证思维研究才进入自觉发展阶段。

康德认为，传统的形式逻辑是分析的，它以不出现矛盾为基础，因而不能提供真理的充分条件。他提出了自己的先验逻辑，康德的先验逻辑由“分析论”和“辩证论”两个部分组成。其中“分析论”是关于知性的学说，而“辩证论”是关于理性的学说，理性按其本性来说是辩证的。当理性把世界作为整体进行考察时，就会出现“二律背反”。康德的“二律背反”学说，实际上已经涉及有限与无限、简单与复杂、自由与必然的辩证矛盾的问题。但由于康德哲学存在着不可知论的缺陷，所以，他并没有解决“二律背反”问题。

黑格尔从理论上对人类的辩证思维做了系统的论述，并提出了辩证法的3规律。黑格尔把辩证法、认识论和逻辑统一起来，把辩证法运用于认识过程，运用于人的逻辑思维，从而解决了康德提出的“二律背反”问题，同时，黑格尔还在哲学史上第一个提出了逻辑与历史的统一。

逻辑的东西与历史的东西的一致，是辩证逻辑的一个主要原则和方法。人类获得对客观世界的正确认识，以及在此基础上建立起来的各门科学知识体系，都离不开这一原则和方法的运用。因此，在本书中，将给予这一方法足够的重视。

逻辑的东西与历史的东西相一致的思想是黑格尔首先提出来的，在黑格尔之前，哲学家大都不关心哲学史，黑格尔最先把哲学与哲学史研究紧密地结合起来。黑格尔在柏林作了6次关于哲学史的讲演，他把哲学与哲学史的研究统一起来，他认为，哲学史是在时间中发展的哲学，而哲学是在逻辑体系中的哲学史。因此，一部哲学史在总体上可以说就是哲学本身，哲学离开了哲学史本身便不能成为哲学。黑格尔还力求使哲学史成为一门科学，主张哲学史中存在内在的、必然的联系，他把辩证法的思想贯穿于对哲学史的考察,把哲学史理解为完整的辩证过程。

进而,黑格尔又具体化了这个思想,把他的逻辑学同哲学史联系起来,当他谈到哲学史时,总是把某一哲学家的主要观点同他的逻辑学中的某一概念对应起来。黑格尔认为:"历史上那些哲学体系的次序,与理念里的那些概念规定的逻辑推演的次序是相同的。"[黑格尔,哲学史讲演录(第一卷),三联书店,1956 年,34]

虽然,黑格尔的辩证思想十分深刻,但在黑格尔的哲学中却带有唯心主义的原则。马克思和恩格斯批判地改造了黑格尔哲学,保留了辩证法的内核,给予它唯物主义的改造,并在马克思主义的经典著作中全面而具体地加以应用。《资本论》和马克思的《数学手稿》,都是马克思运用辩证逻辑这种方法的典范。

4.3 马克思《数学手稿》是用辩证逻辑研究数学问题的一个典范

马克思的数学手稿,反映了马克思用辩证唯物主义思想对数学的研究。恩格斯在《反杜林论》第二版的序言中提到马克思的数学手稿意义重大。在这部著作中,马克思用辩证法的基本观点,考察了数学特别是微积分思想的历史演变,揭示了微积分学的辩证实质,分析了方法的转化在微积分建立过程中的重要意义,马克思的这些思想和方法,对于我们今天从事集合论的研究,仍有深刻的方法论意义。马克思的数学手稿表明,马克思从 19 世纪 50 年代起,对数学有过多年的研究。开始,马克思主要运用数学研究当时的经济问题,并补充自己的数学知识。1867 年,《资本论》第一卷出版后,马克思的数学研究有了独立的方向。

马克思《数学手稿》的一个显著特点是,注重考查科学思想的历史演变,把分析科学思想的现状同考察它的历史结合起来,从中探求科学思想的发展规律。这是《数学手稿》所提出的一个重要的方法论原则,也是马克思运用辩证法研究科学问题的一个基本思想方法。马克思的这一思想方法,突出地体现在他对微积分问题的研究上。为了考察微积分思想的历史演变,马克思做了大量的工作[35]。

首先,马克思尽一切可能收集、阅读有关文献资料。马克思曾写了三大本有关微积分问题的笔记,对牛顿的《自然哲学的数学原理》、欧拉的《无限分析引论》《微分学基础》、穆瓦尼奥的《微分学讲义》、拉克罗阿的《微积分学》、布沙拉的《微积分学与变分学》、拉格朗日的《解析函数论》、达朗贝尔的《流体论》等这些在历史上影响较大的著作,在阅读的基础上,做了内容提要。对莱布尼兹、泰勒、马克劳林、兰登、辛德、泊松和拉普拉斯等著名数学家的微积分论著,也进行了认真的研读,并做了许多笔记。由此可见,在微积分研究上,马克思占有的文献资料是相当丰富的。

其次,为了便于从浩瀚的文献资料中概括出微积分思想的历史演变进程和规律，马克思还整理出一些专题资料，这些资料对马克思研究微积分的历史演变，完成《论导函数概念》《论微分》等论文的写作，起了极其重要的作用。

马克思自19世纪50年代开始，一直到1883年3月14日逝世为止，始终坚持微积分思想的研究工作。1882年11月22日，马克思还在病中写信给恩格斯讨论微分方法的历史演变，他概括地指出："微分方法本身的演变进程是始于牛顿和莱布尼兹的神秘方法，继之以达朗贝尔和欧勒的唯理论方法，终于拉格朗日的严格的代数方法。"他又说："以后有机会还要回过头来细谈各种方法。"[马克思恩格斯全集(第33卷)，北京：人民出版社，1971，110]

由于马克思的逝世，马克思的数学手稿未能完成。但数学手稿所体现的马克思科学研究方法的特点，即把辩证逻辑运用于具体数学问题的研究，这使得马克思的数学手稿具有极其珍贵的科学价值。

今天我们从事数学研究，从马克思的数学手稿中可以获得许多重要的提示和启发，马克思数学手稿中的研究方法，黑格尔关于哲学与哲学史关系的论述，以及他们辩证地、发展地看待历史的观点，完全适用于我们今天从事数学和数学史的研究。我们认为，对于数学问题，可以沿着两条思路进行研究，第一条思路是，沿着逻辑发展的方向进行研究；第二条思路是沿着历史的足迹对数学进行考察。数学如同一幅宏伟的画卷，如果我们沿横向，即沿着逻辑的方向将其展开，展现在我们面前的就是一部严谨的数学教程，从少数几个公理开始，通过严格的演绎推理，得出全部的数学定理。如果我们沿着竖向，即沿着时间的方向把这幅画卷打开，展现在我们面前的就是一部完整的数学史，全部的数学内容都包含在数学史中。

目前，大多数人都是用形式逻辑的思维方法研究数学的，这种方法是从公理出发，然后用演绎推理的方法得到定理。辩证逻辑的方法则不同，把黑格尔的思想用于数学便可得出，数学史是在时间中发展的数学，全部数学内容都包含在数学史中，因此，我们可以通过考察数学的历史来研究数学。换句话说，形式逻辑是用演绎推理的方法研究数学，而辩证逻辑是沿着历史的顺序，把逻辑和历史结合起来研究数学。

黑格尔的这一思想对笔者影响很大，此后，研究任何一个问题都要结合历史进行研究。研究相对论时，研究相对论的历史；研究黑洞，从黑洞的起源开始；在研究数理逻辑时，结合数理逻辑的发展史对其进行研究。

正是在研究数理逻辑的过程中笔者发现，对立统一规律是可以用数理逻辑的方法进行证明的，这个证明今天不需要再做了，因为，早在20世纪30年代就已经有人做出来了。只是由于研究马克思主义的人大多不了解数理逻辑，而研究数理逻辑的人又不重视学习马克思主义，因此，数理逻辑的这一重要结果被马克思主义者忽视了。

4.4 20世纪最伟大的数学成就实际上已经给出了对立统一规律的数学证明

如果有人问：20世纪最伟大的物理学家是谁？人们都会说是爱因斯坦；但是如果问：20世纪最伟大的数学家是谁？恐怕许多人都回答不上来了。1999年美国《时代》周刊评选出100位20世纪最杰出的人物，其中爱因斯坦被评为最伟大的物理学家，哥德尔被评为最伟大的数学家。虽然，哥德尔在公众中的知名度不是很高，然而他在科学界的地位却是崇高的，有人甚至称赞他为亚里士多德之后最伟大的逻辑学家。哥德尔的一项重要成果就是给出了不完备性定理的证明，这个定理彻底颠覆了人们对数学真理的认识。

在数学家看来，演绎推理能够保证数学知识的高度明晰性和确定性，只要前提正确，并且按照逻辑规则进行推导，那么，最终总可以得到正确的结果。多少年来，数学家们都相信证明的力量，正是基于这一认识，数学家们认为用公理化方法建造的数学大厦是一座宏伟的、完美的大厦。这座大厦足够的高大，使得从古至今的一切数学研究成果都可以包含在内；这座大厦又是如此的完美，大厦内的各种数学理论能够互不矛盾，充分体现了数学内在的和谐与完备。

然而，时间到了1931年，一位年仅24岁的数学家哥德尔给出了一个出人意料的结果，这就是著名的哥德尔不完备性定理。这个定理指出，如果一个包含了自然数的算术的形式系统 P 是无矛盾的，那么，这个系统必然是不完备的，即在 P 中存在着这样的命题，既不能用 P 之公理与推理法则加以证明，也不能用 P 中的公理与推理法则予以否定。这就是说，无矛盾性必然导致不完备性[36]。

关于哥德尔定理后面我们再对它进行解读，下面首先介绍一下这个定理的重要意义。哥德尔定理告诉人们数学是不完备的，就连过去人们极力推崇的、被认为是最精确的科学方法——公理化方法也是存在缺陷的，即不存在一个无矛盾的、完备的数学公理系统。数学史学家伊夫斯在《数学史上的里程碑》一书中对哥德尔定理是这样评价的：它推翻了数学的所有重要领域能被完全公理化这个强烈的信念；它摧毁了沿着希尔伯特曾设想的路线证明数学的内部相容性的全部希望；它导致了重新评价某些被普遍认可的数学哲学……[37]

总之，哥德尔定理的出现表明，自亚里士多德以来的两千多年，数学家们一直追逐的、建立一个完备的无矛盾的数学大厦的理想破碎了，因此，有人说哥德尔是亚里士多德之后最伟大的逻辑学家。人们对哥德尔的评价如此之高，那么，哥德尔定理究竟讲了什么呢？下面我们对哥德尔定理做一些解释。

首先，哥德尔定理告诉人们，在任何一个数学公理系统中，都存在着不可判定的命题。所谓不可判定命题，通俗地讲，就是矛盾的命题，即对于一个命题，从这个角度进行论证，可以得出命题是正确的；但从另一角度进行论证，又可得出命题是错误的；换句话说，这个命题究竟是对还是错，在给定的数学公理系统内是无法判定的，因此人们把这样的命题称为不可判定命题。

其次，哥德尔定理还告诉人们，出现不可判定命题的原因是由于公理系统的不完备，即公理系统中缺少了某些重要的东西，把这些东西补充进去，矛盾命题就可以消除了。譬如，原来的公理系统中有8个公理，现在，再给公理系统增加一个公理，那么，原来那个不可判定的命题就变成可以判定的命题了，即矛盾得到了解决。

第三，用增加公理的方法可以解决原有的矛盾命题，但旧的矛盾解决了，新的矛盾又产生了，哥德尔定理还告诉人们，在扩展后的公理系统中依然存在着矛盾命题，虽然用继续扩展公理系统的方法可以解决这个矛盾，但扩展后的公理系统中仍然存在不可判定的命题，而且，这个过程可以一直进行下去……也就是说，人们永远得不到一个没有矛盾命题的公理系统。

如果把哥德尔的不完备性定理与对立统一规律做一对比，便不难发现两者之间存在密切的关系。

对立统一规律告诉人们，任何事物中都包含着内在的矛盾；哥德尔定理则表明，在任何一个公理化的数学理论中都存在着矛盾的命题。

对立统一规律认为，事物的内在矛盾推动了事物的发展；哥德尔定理告诉人们，矛盾命题的出现表明原有的数学理论是不完善的，人们可以通过增加新公理的方法，对原有的理论进行完善和发展。

对立统一规律认为，旧的矛盾解决了，新的矛盾还会产生，世界上不存在没有矛盾的事物；哥德尔定理得出，虽然用扩展公理系统的方法可以消除原有的矛盾命题，但在扩展后的公理系统中仍然存在新的矛盾命题，而且这一过程可以一直进行下去，因此，人类认识数学真理的过程是永无止境的，人们永远也得不到一个没有矛盾命题的数学理论。

两者的相似之处还有许多，这里就不再一一列举了。

总之，如果认为对立统一规律是一个普遍的规律，这个规律在数学中也应该成立，那么，在数学中就一定存在一个与对立统一规律相对应的定理。这个定理是什么呢？通过以上对比，我们可以得出这样的结论：哥德尔的不完备性定理就是数学中的对立统一规律，20世纪最伟大的数学成果——哥德尔定理，恰好证明了马克思主义哲学的对立统一规律在数学中的正确性。

4.5 从物理上看相对性原理也不成立

在本书第2章指出了对立统一规律与相对性原理存在矛盾，本章又论证了对立统一规律的正确性，这就进一步说明了相对性原理是不正确的。当然，哲学上的论述不能代替物理研究，下面我们再从物理的角度分析相对性原理存在的问题。

相对性原理是爱因斯坦相对论的一个基本原理，这个原理的大概意思是：一切参考系都是平权的，即物理定律从一个坐标系变换到另一坐标系时，其数学方程的形式保持都不变。相对性原理是否正确？关于这个问题，实际上我们只需要用物理定律直接对它进行检验就可以了。

物理学的定律很多，没有必要对物理定律进行一一检验，下面，我们只选择其中的两个物理规律：引力规律和电磁规律，用这两个物理规律对相对性原理进行检验。目前，物理学中主要讨论以下几种时空：牛顿时空（即欧几里得时空）、闵可夫斯基时空、黎曼时空以及高维非欧几何时空。下面，我们分别对这几种时空进行讨论。

1）对牛顿时空的讨论

在经典物理学中，时空被看作是牛顿时空，时空间的坐标变换关系满足伽利略变换：

$$
\begin{aligned}
x' &= x - ut \\
y' &= y \\
z' &= z \\
t' &= t
\end{aligned}
$$

在经典物理学中，引力规律是牛顿万有引力定律，而电磁规律则是用麦克斯韦方程来表述。我们很容易证明牛顿万有引力规律满足相对性原理，即万有引力公式从一个惯性坐标系变换到另一惯性坐标系时，其数学形式在伽利略变换下保持不变。然而，电磁规律并不满足伽利略的相对性原理，即麦克斯韦方程在伽利略变换下，从一个坐标系变换到另一个坐标系时，其方程的形式发生了改变。因此，对于牛顿时空来说，伽利略的相对性原理并不成立，上述两个物理规律中只有引力规律满足伽利略的相对性原理，而电磁规律并不满足这个原理。

2）对闵可夫斯基时空的讨论

狭义相对论是关于闵可夫斯基时空的理论，在狭义相对论中时空间的变换关系是洛伦兹变换：

$$x'=\frac{x-ut}{\sqrt{1-\frac{u^2}{c^2}}}$$

$$y'=y$$

$$z'=z$$

$$t'=\frac{t-\frac{ux}{c^2}}{\sqrt{1-\frac{u^2}{c^2}}}$$

可以证明在狭义相对论中，电磁理论在洛伦兹变换下保持不变，但引力规律并不满足这一性质。因此，对于闵可夫斯基时空来说，相对性原理也不完全成立，在上述两个物理规律中只有电磁规律满足相对性原理，而引力规律并不满足相对性原理。

3）对黎曼时空及高维非欧几何时空的讨论

由于引力规律不满足狭义相对性原理，爱因斯坦便把引力问题放到黎曼时空进行研究，建立了广义相对论。广义相对论的场方程是用张量形式表述的，对于任一坐标系其形式不变，因此，对于黎曼时空来说，引力规律满足了相对性原理，然而遗憾的是，麦克斯韦电磁理论却不满足相对性原理。

广义相对论建立后，爱因斯坦一直致力于统一场论的研究，所谓统一场论，最初的目的就是把麦克斯韦电磁理论推广到黎曼时空。我们知道，真实的物理时空只有一个，如果把时空看作是黎曼时空，那么在黎曼时空中仅建立了引力理论是不够的，还需要把其他的物理规律，包括电磁理论都需要推广到黎曼时空。广义相对论完成后，爱因斯坦便开始思考麦克斯韦电磁理论的推广问题，后来他发现在黎曼时空中无法实现这一目标。爱因斯坦又借鉴卡鲁查的理论，试图在五维时空中构建统一场论，虽然历经30多年的努力，爱因斯坦始终未能完成他的统一场论的梦想。

通过以上讨论可以发现：我们找不到这样一种理论，能够让引力规律和电磁规律同时满足相对性原理。在经典物理学里，引力规律在伽利略变换下其形式保持不变，但麦克斯韦方程却不满足这一性质；在狭义相对论中麦克斯韦理论满足了相对性原理，但引力规律又不满足这一性质；在广义相对论中引力方程具有协变性，但人们无论如何也无法把电磁理论推广到广义相对论。以上事实表明，电磁规律和引力规律是两种不同的物理规律，我们无法让电磁规律和引力规律同时满足相对性原理。我们知道，电磁规律满足对称性是有实验依据的，因此，上述事实提示我们，引力规律不满足相对性原理。

4.6 为什么引力规律不满足相对性原理?

为什么引力规律不满足相对性原理? 要回答这一问题,我们需要从引力的物理属性谈起。

亚里士多德是最早研究引力(重力)问题的人,他提出一个观点,物体下落时,重的物体会比轻的物体下落得更快。亚里士多德的观点曾统治世界长达 1 800 多年,直到这一观点被伽利略推翻。虽然伽利略的比萨斜塔实验流传很广,但后来的考证表明伽利略并没有做过这个实验。伽利略是通过一个思想实验,以及光滑斜板实验证明了落体的下落速度与其质量无关。

伽利略的思想实验其推理过程非常简明:设想将两个物体捆绑在一起,分别考察每一个物体的下落速度和捆绑在一起的物体的下落速度。两个物体加在一起的重量肯定大于任一物体的重量,如果亚里士多德的观点正确,捆在一起的物体的下落速度应该比它们各自单独下落时的速度要快。但从另一角度看,按照亚里士多德的观点,重的物体比轻的物体下落得快,两个物体捆在一起时,重的物体会被轻的物体拖累速度变慢,轻的物体受重的物体牵引而使速度变快,因此,当两个物体捆在一起时,物体的下落速度应该比单独下落的轻的物体的速度快,而比单独下落的重的物体的速度慢。这样根据亚里士多德的观点,得出了两个相互矛盾的结果。于是,利用反证法便可得出,若想消除上述矛盾,唯一的答案只能是:任何物体在下落时都应具有相同的下落速度。

在伽利略的这一工作中,实际上已经包含了引力质量和惯性质量相等的思想,但伽利略并没有明确地提出来,第一个明确提出这一观点的是牛顿。

1687 年,牛顿在其名著《自然哲学的数学原理》中把引力定义为“按其所包含的物质数量,向各个方向传播到无穷远,并总是与距离的平方成反比减小。”用数学形式表达为

$$F = m\frac{GM}{r^3}\boldsymbol{r} \qquad (4-1)$$

式中:G 是引力常数;M 是天体的质量;$\boldsymbol{r}$ 是质量为 m 的物体到天体中心的矢径,其模记为 r。通常用 g 来表示$\frac{GM}{r^3}\boldsymbol{r}$,于是有

$$F = mg$$

牛顿十分清楚,引力定律中出现的质量 m 与牛顿第二定律

$$F = ma$$

中出现的 m 可能并不相等，其中 a 是在力 F 的作用下物体所获得的加速度。因此，就有了“引力质量”和“惯性质量”之分。

将引力定律中出现的质量规定为 m_g，将牛顿第二定律中出现的质量规定为惯性质量 m_i，上述两式可表述为

$$F = m_g g \tag{4-2}$$

$$F = m_i a \tag{4-3}$$

假定有一个质点处于引力场中，它受到的力 F 由式(4-2)给出，在这个力的作用下，它的运动规律由牛顿第二定律式(4-3)给出，于是有

$$m_g g = m_i a \tag{4-4}$$

或

$$a = \frac{m_g}{m_i} g \tag{4-5}$$

如果比值$\frac{m_g}{m_i}$不是恒定的，那么对于不同材料构成的物体，其加速度将有所不同。牛顿对此做了实验，其结果表明在 10^{-3} 精度范围内没有差别。于是牛顿提出引力质量与惯性质量相等。

对于引力质量与惯性质量是否相等这一问题，后来人们进行了大量实验，目前的实验结果表明在 $10^{-11} \sim 10^{-12}$ 的精度水平上看不出$\frac{m_g}{m_i}$的变化。因此，有充分的理由认为，引力质量与惯性质量相等。引力质量与惯性质量相等这一事实提示我们，引力与惯性力应该具有相同的物理属性。

牛顿曾用水桶实验揭示了惯性力的一个重要属性，即物体只有相对于绝对空间转动时才会产生惯性离心力。牛顿的水桶实验实际上表明：宇宙中存在一个特殊的坐标系，牛顿把它称为绝对坐标系，物体相对于这个坐标系做加速运动时才会产生惯性力。

马赫对牛顿绝对空间概念进行了批判，不过我们需要注意，虽然马赫批判绝对空间的概念，但他并不反对宇宙中存在一个特殊的坐标系。马赫认为惯性是由宇宙中所有物质决定，因此，在马赫思想中也有一个特殊的坐标系，马赫认为“我们说一个物体在空间保持不变的方向和速度时，我们的意思只不过是省略了参照于整个宇宙”。马赫还进一步论证，对整个宇宙的参照，可把恒星理想化为一个刚性坐标系，即宇宙中所有恒星构成的坐标系，马赫说他不反对把在这个参考系下的运动称为真正的运动。由此可见，马赫与牛顿的区别只是外表上的区别，我们只要把牛

顿的绝对坐标系改成马赫的恒星坐标系,两者的结果就完全一致了。

通过以上讨论,现在我们可以回答"为什么引力规律不满足相对性原理"这一问题了。

根据马赫原理,孤立的物体是没有惯性的,惯性起源于宇宙所有其他物体的影响,惯性是由宇宙中全部物质的分布决定的,既然引力与惯性具有相同的物理属性,那么,引力规律也是由宇宙中全部物质的分布决定的。因此,研究引力问题我们需要在一个特殊的坐标系中进行,这个特殊的坐标系就是宇宙坐标系。由于引力和惯性力具有相同的物理属性,它们都与宇宙中全部物质的分布有关,因此,惯性问题和引力问题都应该在宇宙坐标系中考察。

换句话说,引力和惯性力不是在任意坐标系中都可以讨论的,如果将引力或惯性力转化到其他坐标系,其数学形式必然发生改变,这就是引力规律不满足相对性原理的原因。

4.7 牛顿力学对人们的误导

长期以来,人们一直认为相对性原理是物理学的一个"普遍原理",所有的物理规律都应遵守这个原理。现在我们提出引力不满足相对性原理,这意味着相对性原理并不是物理学的普遍原理。那么,为什么人们会把相对性原理看作"普遍原理"呢?作者对这一问题进行了考察,发现出现这一情况的原因是牛顿力学对人们的误导。

在牛顿力学中隐含地使用了一个假设"质量不变",即质量是一常量,它不随速度变化。今天人们都知道这是不正确的,正确的质量公式是相对论的公式,即

$$m=\frac{m_0}{\sqrt{1-\frac{u^2}{c^2}}}$$

从这个公式不难看出,只有当速度远远小于光速的时候,人们才可以把质量近似地看成常量,因此,牛顿力学实际上是一个近似的理论。

由于牛顿力学只是一个近似的理论,因此,由牛顿力学得出的结果中,有一些结果在物理学中并不成立。然而,由于历史的原因,当时人们并不知道牛顿力学的局限性,于是,人们便把这些结果引申推广到物理学的其他领域,从而使一些错误的结果(观念)出现在今天的物理学中。这就是牛顿力学对人们的误导。

下面我们举两个例子对这个问题进行说明。

1. 黑洞概念起源于牛顿力学的一个错误结果

1795 年拉普拉斯用牛顿力学推导出了黑洞,这就是拉普拉斯黑洞。虽然用牛

顿力学可以推导出黑洞，但牛顿力学的这一结果并不正确的。因为，在牛顿力学里把质量看作常数，所以牛顿力学理论只能用于低速情况，而不能用到速度大于或等于光速的情况。当年，拉普拉斯不知道牛顿力学的适用范围，他把牛顿力学理论用到了物体速度大于光速的情况，由此得出拉普拉斯黑洞这个错误的结果。今天物理学中的黑洞概念就起源于牛顿力学的这个错误。关于这一问题在本书后面我们还会详细地分析。

2. 相对性原理也起源于牛顿力学的误导

相对性原理也起源于牛顿力学，牛顿力学的两个规律：牛顿第二定律和万有引力定律，在伽利略变换下其数学形式不变，牛顿力学的这一性质被称为力学相对性原理。1905 年，爱因斯坦创立狭义相对论时，把力学相对性原理推广到物理学，认为所有的物理规律都应该满足相对性原理，即物理规律从一个惯性坐标系变换到另一惯性坐标系时，其数学方程的形式不变，这就是狭义相对性原理。后来，爱因斯坦又把狭义相对性原理，推广到任意坐标系，提出了广义相对性原理。今天重新考察相对性原理，我们发现，相对性原理和黑洞一样，也是源于牛顿力学的误导。

在牛顿力学里有万有引力定律，根据这个定律可以计算宇宙中两个天体之间的引力。设 m_{01} 代表宇宙中某一个天体(或质点)的静止质量，m_{02} 表示另一宇宙天体的静止质量，r_{12} 表示它们之间的距离，根据牛顿万有引力定律，两个宇宙天体之间的万有引力为

$$\boldsymbol{F}_{12}=-\frac{Gm_{01}m_{02}}{r_{12}^{3}}\boldsymbol{r}_{12} \tag{4-6}$$

在牛顿力学中质量是一个不变量，因此，式(4 - 6)中的质量 m_{01} 和 m_{02} 都是常数。如果按照推广牛顿第二定律的方法，把万有引力定律推广到相对论，需要把万有引力公式中的质量 m_{01} 和 m_{02} 都改成相对论的质量，即把式(4 - 6)改写为

$$\boldsymbol{F}_{12}=-\frac{Gm_{1}m_{2}}{r_{12}^{3}}\boldsymbol{r}_{12} \tag{4-7}$$

其中，

$$m_1=\frac{m_{01}}{\sqrt{1-\frac{v_1^2}{c^2}}}$$

$$m_2=\frac{m_{02}}{\sqrt{1-\frac{v_2^2}{c^2}}}$$

式中：m_1 代表质量为 m_{01} 天体在运动时的质量，该天体在宇宙中的运动速度为 v_1；

m_2 表示质量为 m_{02} 天体在运动时的质量,该天体的速度为 v_2。

1905 年,爱因斯坦建立狭义相对论时,对称性破缺的思想还没有产生,那时的物理学家把对称性看得很重要,要求所有的物理规律都满足洛伦兹变换的协变性,而引力公式(4-7)显然不满足这一条件,因此,爱因斯坦没有把牛顿万有引力公式推广到狭义相对论。现在,我们重新考察相对论的建立的过程,不难发现,爱因斯坦当年过分地强调对称性、强调相对性原理,这实际上是爱因斯坦的一个失误。

物理学的历史表明,以往人们关于对称性的认识存在偏差,物理规律没有必要都满足对称性的要求。今天重新考察相对性原理,我们不难得出:当年爱因斯坦建立相对论的基本思想——对称性的思想,以及根据这一思想提出的狭义相对性原理和广义相对性原理。从今天的角度看,这一思想是不完善的,因为,在这一思想中只考虑了对称性,而没有考虑到非对称性,或者说对称性破缺。

换句话说,爱因斯坦把相对性原理作为物理学的一个"普遍原理",将它凌驾于所有的物理规律之上,让物理规律都满足对称性,这实际上是爱因斯坦的一个失误。虽然,上述失误不是由爱因斯坦个人的原因造成的,而是由历史原因造成的,但这个失误的后果却是严重的。这一失误导致了爱因斯坦建立的狭义相对论是一个不完善(完整)的理论。

4.8 狭义相对论的不完善,以及爱因斯坦引力理论中缺少能量守恒方程

我们知道,牛顿力学和狭义相对论都是惯性参考系的理论,牛顿力学与狭义相对论的关系是:当 $\beta\to 0$ 时,狭义相对论的公式将退化成牛顿力学的公式。

例如,由狭义相对论的质量公式 $m=\dfrac{m_0}{\sqrt{1-\dfrac{u^2}{c^2}}}$ 不难看出,在 $\beta=\dfrac{u}{c}\to 0$ 时,将变成 $m=m_0$,即狭义相对论的质量公式变成了牛顿力学的质量公式。

再比如,牛顿的时空是由三维欧几里得空间与一维时间所组成,时空的数学表述是伽利略的时空变换公式。狭义相对论的时空则是时间与空间相互关联的四维时空,即闵可夫斯基时空,其中的时空变换公式是洛伦兹变换公式:对比伽利略变换与洛伦兹变换,不难发现,在 $\beta\to 0$,洛伦兹变换公式将退化成伽利略变换公式。

由此可见,牛顿力学的公式不是准确的公式,准确的公式是狭义相对论的公式,牛顿力学可看作是狭义相对论在低速时的近似理论,而狭义相对论实际上是对牛顿力学的推广。因此,从力学的角度看待牛顿力学和狭义相对论,在这两个理论的公式之间,应该存在着一一对应的关系,即每个牛顿力学的公式,在狭义相对论

中都应该有其相对应的公式。

牛顿力学包含两部分内容：以牛顿第二定律为核心的运动理论和以万有引力公式为主要内容的引力理论。狭义相对论既然是对牛顿力学的推广，因此，从逻辑上看，狭义相对论也应该包含两部分内容，即狭义相对论的运动理论和狭义相对论的引力理论。然而遗憾的是由于没有引入对称性破缺的思想，爱因斯坦在建立狭义相对论时，只能对牛顿第二定律进行推广，却不能把万有引力公式推广到狭义相对论。这就导致了狭义相对论在力学上不是一个完整的理论，在 $\beta \to 0$ 的时候，它不能与牛顿力学完全匹配。

由于狭义相对论中没有引力理论，进而导致在爱因斯坦的理论中缺少了一个重要公式，即引力场中的能量守恒方程。

下面我们通过一个例子来说明这一问题。给定一个质量为 M，半径为 R 的星球，并假设星球的质量是均匀分布的，再给定一个静止质量为 m_0 的质点，$m_0 \ll M$，下面研究质点 m_0 在星球引力作用下的运动规律。

由于讨论的引力场是球对称的情况，因此可进一步假设质点 m_0 只在星球的径向做直线运动。首先将球坐标系固定在星球 M 上，并令坐标原点与星球球心相重合。在牛顿力学中，质点质量是一个常量，根据牛顿第二定律和万有引力定律，质点运动方程为

$$m_0 \frac{\mathrm{d}u}{\mathrm{d}t} = -\frac{GMm_0}{r^2} \tag{4-8}$$

式中：G 为万有引力常数；r 是质点与星球质心之间的距离；u 是质点的径向速度，在球对称问题中，速度 u 只是 r 的函数。利用式(4-8)我们可以推导出下面这个方程：

$$\frac{1}{2}m_0 u^2 + m_0 \varphi = \text{常量} \tag{4-9}$$

式(4-9)中的第一项代表质点的动能，第二项为引力势能，其中

$$\varphi = -\frac{GM}{r} \tag{4-10}$$

因此，式(4-9)就是引力场中的能量守恒方程，其物理含义是

$$\text{质点动能} + \text{质点势能} = \text{常量}$$

我们知道，牛顿理论只能用在速度远远小于光速的情况，如果星球的引力场不强，质点在引力作用下的速度远小于光速时，式(4-9)是成立的。然而，当星球的引力很强，质点的速度接近光速，此时，式(4-9)已经不适用了，我们需要把相对论

的效应考虑进去，即需要把质量随速度变化这个因素考虑进去，因此，在相对论中应该存在一个与式(4-9)相对应的公式，这个公式就是相对论引力场中的能量守恒方程，该方程的物理意义是

$$\text{相对论的质点动能} + \text{相对论的引力势能} = \text{常量} \tag{4-11}$$

然而，在爱因斯坦的引力理论中却没有这一方程。

换句话说，由于爱因斯坦只考虑了对称性，而没有考虑到非对称性，从而导致爱因斯坦相对论是一个不完整的理论，在这个理论中缺少一个重要的方程，即相对论引力场的能量守恒方程。由此带来的后果就是，从爱因斯坦相对论可以推导出与能量守恒规律相矛盾的结果。

既然爱因斯坦相对论是一个不完善的理论，那么，显然我们需要对这个理论进行修改和完善。2014年笔者写了《非爱因斯坦相对论研究》一书，书中论述了笔者在这方面所做的工作。由于本书后面需要引用非爱因斯坦相对论的结果，特别是相对论引力场的能量守恒方程，因此，在下一章，我们对非爱因斯坦相对论做一简要介绍。

第 5 章　非爱因斯坦相对论的基本思想

5.1　修改爱因斯坦相对论的必要性

关于爱因斯坦理论的不完善这个问题，我们还可以从另一角度进行论述。爱因斯坦理论不完善的一个重要表现是相对论在时空上的不统一。

我们知道，爱因斯坦相对论是对经典物理学的推广。在狭义相对论里，爱因斯坦把经典物理学从欧几里得时空推广到闵可夫斯基时空，时空变换公式也由伽利略变换推广为洛伦兹变换，经典物理学的质量等于常数，在相对论里变成了质量随速度变化。牛顿运动定律和麦克斯韦电磁理论也被推广到狭义相对论，爱因斯坦证明了这两个理论都满足洛伦兹变换的协变性。

由于万有引力定律不满足狭义相对性原理，爱因斯坦无法把万有引力公式推广到狭义相对论，于是他放弃了在闵可夫斯基中建立引力理论，改在黎曼时空研究引力，建立了广义相对论。表 5－1 给出了经典物理学和爱因斯坦相对论之间的对应关系。

表 5－1　经典物理学与爱因斯坦相对论的对应关系

	时　空	运动理论	电磁理论	引力理论
经典物理学	欧几里得时空	牛顿运动定律	麦克斯韦电磁理论	万有引力定律
狭义相对论	闵可夫斯基时空	相对论的运动理论	相对论的电磁理论	
广义相对论	黎曼时空			相对论的引力理论

从表 5－1 不难看出：在经典物理学里，牛顿运动定律、万有引力定律和麦克斯韦电磁理论都建立在同一个时空——欧几里得时空。推广到相对论后，相对论的运动定律和相对论的电磁理论被放在闵可夫斯基时空，用狭义相对论来研究；而相对论的引力理论则放到黎曼时空，用广义相对论进行研究。

换句话说，爱因斯坦的相对论存在着时空不统一的问题，爱因斯坦把经典物理学原本在同一时空的 3 个理论，推广到相对论后，放到两个不同的时空。我们知道，真实的物理时空只有一个，不同的物理分支应该使用同一个时空理论，时空的不统一表明爱因斯坦的理论是不完善，即在爱因斯坦的理论体系中存在一个内在的矛盾：狭义相对论与广义相对论在时空上的不一致，引力理论与电磁理论的不统一。

虽然，爱因斯坦在其著作中从来没有提到相对论存在的这一问题，但他似乎已经意识到了这个问题，广义相对论建立不久，爱因斯坦便开始致力于统一场论的研究，统一场论的目的就是把引力理论和电磁理论统一起来。

爱因斯坦最初想把麦克斯韦的电磁理论推广到黎曼时空，这样便可以在黎曼时空中实现引力理论与电磁理论的统一，然而，爱因斯坦的这一设想没有实现。1919 年，卡鲁查给爱因斯坦写信，提出用五维流形来实现统一场论，卡鲁查的思想得到了爱因斯坦的赞扬，1922 年爱因斯坦发表了第一篇关于统一场论的论文，这篇文章讨论的就是卡鲁查的理论。从 1922—1955 年这 30 多年中，爱因斯坦把他的绝大部分精力都用于统一场论的探索，然而，他始终没有成功。在爱因斯坦的晚年他已意识到："我完成不了这项工作了，它将被人们遗忘。"

统一场论的主要困难是引力场与电磁场的统一问题，爱因斯坦最初所说的统一场论就是要统一引力场与电磁场，当时人们所知道的相互作用只有引力作用与电磁作用。后来人们知道各种物理现象所表现的相互作用，可以归结为 4 种基本相互作用，即强相互作用、弱相互作用、电磁相互作用和引力相互作用。今天，统一场论的目标就是追求建立 4 种基本相互作用的统一理论。

虽然，爱因斯坦去世后，人们又先后提出了不同层次的统一场论，例如电弱统一理论、大统一规范场论等，但所有这些统一理论都无法包括引力理论。迄今为止，所有统一电磁场与引力场的尝试都没有获得成功。

一个理论在刚建立时，存在着一些矛盾和问题并不可怕，可怕的是当这个理论建立 100 年后，这些矛盾依然无法解决，甚至直到今天也看不到实现统一场论的希望，此时，人们应该认真地想一想，爱因斯坦相对论是不是需要修改呢？

从表 5-1 很容易看出，只要在狭义相对论中引入一个引力理论，我们就把运动理论、引力理论和电磁理论放到同一时空——闵可夫斯基时空，这样也就解决了相对论时空不统一的问题。

现在的问题是在狭义相对论中有没有引力理论，以及如何引入这一理论。在狭义相对论中有没有引力理论？这个问题实际上可以归结为：引力理论究竟需不需要满足能量守恒规律？

在牛顿力学中引力是一种力，狭义相对论是牛顿力学的推广，狭义相对论中如果有引力理论，这个理论必然也会把引力看作是一种力。

如果狭义相对论中没有引力理论，那么引力就不能再看成是一种力了。在爱因斯坦的理论中引力就不是一种力，而是时空弯曲产生的几何效应。由于引力不是力，它不能对物体做功，没有功的概念，自然也谈不上能量守恒了。所以，爱因斯坦的引力理论存在的一个问题是，这个理论不满足能量守恒规律，后面我们将会看到，由爱因斯坦广义相对论得出的结果——黑洞就违反了能量守恒规律。

于是，摆在我们面前的是两个物理定律(或原理)：一个是爱因斯坦提出的狭义相对性原理，这个原理要求所有的物理方程都必须满足对称性，即在洛伦兹变换下保持不变。另一个就是被大量实验所证实的能量守恒定律。

而这两个定律(原理)在引力问题上却存在着矛盾。

如果我们认为狭义相对性原理是正确的，狭义相对论中就没有引力理论，引力也不是力，这样建立的引力理论，即爱因斯坦的广义相对论不满足能量守恒规律。

如果我们认为能量守恒规律是自然界普遍的规律，任何运动(包括引力场中的物质运动)都应该满足这一规律，那么，在狭义相对论中就应该有一个引力理论，而这个引力理论一定不满足狭义相对性原理。这就是20世纪80年代，笔者在研究黑洞和相对论引力问题时所发现的一个矛盾，当时，摆在笔者面前的是两条路：

第一条路是，坚信爱因斯坦相对论是正确的，当时大多数物理学家都持这样的观点，基于这一观点，他们把黑洞问题演绎成物理学的一个热点。

第二条路是，坚信能量守恒定律是普遍的物理规律，黑洞理论违背了这一规律，因此，黑洞理论和爱因斯坦相对论一定有问题。

当时，笔者最终选择了第二条路，由此走上了质疑黑洞，修改爱因斯坦相对论的道路。30年过去了，回顾这段研究经历，笔者所做的工作，如果用一句话来概括就是：在爱因斯坦理论之外，建立一个新的相对论理论——非爱因斯坦相对论。

5.2　非爱因斯坦相对论的基本思想

通过前面的论述，我们不难发现牛顿力学和爱因斯坦相对论所存在的问题。

牛顿力学不是准确的力学理论，这个理论只在低速情况下成立，当物体的运动接近光速时，牛顿理论就不适用了。因此，人们需要对牛顿理论进行发展，把它推广到适用于高速的情况。实际上，早在20世纪初，庞加莱就提出了推广牛顿力学，进而建立一个新的力学理论的思想。100多年过去了，庞加莱所预言的新的力学理论，至今也没有完全建立起来。

虽然爱因斯坦狭义相对论在某些方面推广了牛顿力学，然而，由于时代的局限性，爱因斯坦在狭义相对论中只考虑了对称性，而没有考虑到非对称性，这就造成了爱因斯坦的狭义相对论实际上是一个不完整的理论，它仅把牛顿运动理论推广到了相对论，却没有推广牛顿引力理论。换句话说，狭义相对论中没有引力理论是爱因斯坦的一个失误。这个失误给爱因斯坦理论带来许多后果，其中的一个后果就是爱因斯坦理论得出的结果与能量守恒规律相矛盾。

因此，无论是牛顿力学还是爱因斯坦相对论，目前都存在问题，这两个理论都不完善，我们需要对它们进行发展、修改和完善。非爱因斯坦相对论就是在这一物理背景下，提出并建立起来的[3]。

笔者建立非爱因斯坦相对论的思想与罗巴切夫斯基建立非欧几何学的思想非常相似。下面我们以罗巴切夫斯基的工作为例，看一看他是如何建立非欧几何学的。

在欧几里得几何学中平行公理为：

在一平面上，通过直线外一点**只有一条**直线与已知直线共面而不相交。

罗巴切夫斯基把欧几里得几何学的平行公理稍作改动，将其改为：

在一平面上，通过直线外一点**至少有两条**直线与已知直线共面而不相交。

罗巴切夫斯基由此建立了一个全新的几何理论，在这个新的几何里，三角形内角之和小于两直角。罗巴切夫斯基称这种几何学为虚几何学，当时他的工作并未被人理解，直到19世纪60年代，罗巴切夫斯基的工作才为数学界所公认，他的工作也是19世纪数学研究的一个转折点，从此之后对非欧几何学的研究成为了几何学的主流。

几何学和相对论有一个共同点，它们都是公理化的理论，即从几个基本原理或公理出发，用演绎推理的方法建立的系统理论。从几何学中，我们可以获得一个启示：通过对某一公理的修改，可以建立一个新的理论。

于是，笔者想到用与罗巴切夫斯基相似的方法，对狭义相对论的公理——狭义相对性原理进行修改，必将出现与几何学相似的情况，在物理学中将有一个新的相对论理论的诞生。

爱因斯坦狭义相对论有一个基本原理，狭义相对性原理，其内容为：

物理学的定律在所有惯性参考系中都是相同的。

现在，笔者把这个基本原理修改为：

除引力规律外，物理学的定律在所有惯性参考系中都是相同的。

以修改后的狭义相对性原理代替爱因斯坦的原理，我们就可以建立一个新的相对论，即非爱因斯坦狭义相对论。

由此可见，非爱因斯坦狭义相对论与爱因斯坦狭义相对论的主要区别在于，爱因斯坦狭义相对论中没有对称性破缺的思想，而非爱因斯坦相对论考虑了对称性的破缺，允许引力作为例外，即不要求引力规律满足洛伦兹变换下的不变性，于是，引力公式与洛伦兹变换之间的矛盾消除了，这样在非爱因斯坦相对论中就可以建立引力理论了。

因此，非爱因斯坦狭义相对论既是对牛顿力学的全面推广，同时也是对爱因斯坦狭义相对论的修改、完善和补充，非爱因斯坦相对论既保留了爱因斯坦狭义相对论的原有公式，同时在爱因斯坦狭义相对论的基础上，又增加了一个引力理论。有了引力理论后，非爱因斯坦狭义相对论就可以与牛顿力学做到完全匹配，牛顿力学的公式在非爱因斯坦狭义相对论中都有与其相对应的方程。特别是，在非爱因斯坦相对论中，存在一个与式(4-9)相对应的能量守恒方程。

5.3　非爱因斯坦相对论给出的引力场的能量守恒方程

我们知道，牛顿理论只能用于质点运动速度远小于光速的情况。当引力场很强时，在引力作用下的质点运动速度与光速相比不再是一个可忽略的小量，此时质点的质量也不再是一个常量，而是一个随速度变化的变量。在这种情况下，需要对牛顿力学的质点运动方程(4-8)进行修正。考虑到质量随速度变化这一因素，在非爱因斯坦相对论中，把式(4-8)修改如下：

$$\frac{\mathrm{d}(mu)}{\mathrm{d}t}=-\frac{GMm}{r^2}\tag{5-1}$$

式中质量满足相对论的质量公式，即

$$m=\frac{m_0}{\sqrt{1-\frac{u^2}{c^2}}}$$

利用式(5-1)，可以推导出

$$m_0\frac{u^2}{2}+m_0\Phi=0\tag{5-2}$$

式(5-2)是非爱因斯坦相对论给出的能量守恒方程，它与牛顿引力场的能量守恒方程(4-9)在形式上是相同的，两者的区别仅在于，这里用相对论的引力势 Φ 代替了牛顿引力势。

在牛顿力学里能量守恒方程为式(4-9)，式(4-9)中第一项代表动能，第二项代表势能，两者之和等于常数表明在运动过程中能量守恒。在相对论的情况下，引力场中物体运动的能量守恒方程为式(5-2)，这里我们特意把相对论引力场的能量守恒方程写成与牛顿力学完全相同的形式，我们还把这两项分别称为等效动能和等效势能。

关于式(5-2)的推导笔者在《相对论探疑》(2013)中已有详细介绍,这里不再重复。式(5-2)中的Φ为

$$\Phi=-\frac{c^2}{2}\left[1-\exp\left(-\frac{2GM}{rc^2}\right)\right]$$

将上式代入式(5-2),得

$$\frac{1}{2}m_0u^2-\frac{m_0c^2}{2}\left[1-\exp\left(-\frac{2GM}{rc^2}\right)\right]\doteq 0 \qquad (5-3)$$

这就是是非爱因斯坦相对论给出的引力场的能量守恒方程。爱因斯坦狭义相对论中缺少的正是这一方程。

5.4 小结:爱因斯坦相对论的一个错误

马克思主义与爱因斯坦相对论的PK,至今已100多年了,那么,在这两个理论中究竟哪一个正确呢?现在可以回答这一问题了。

马克思主义与爱因斯坦相对论之所以存在矛盾,其根本的原因在于:马克思主义的一个基本规律——对立统一规律与爱因斯坦相对论的一个基本原理——相对性原理,两者之间存在矛盾,因此,马克思主义与爱因斯坦相对论究竟哪一个正确最终可以归结为,对立统一规律和相对性原理两者之间哪一个正确。

上述研究表明,对立统一规律在数学中是成立的,哥德尔定理已经给出了对立统一规律的数学证明,由此可以推出,任何一门学科只要能用数学来描述,对立统一规律在其中必然成立,因此,可以说对立统一规律是一个普遍规律,这一点是毋庸置疑的。

关于相对性原理,从哲学上看,它违反了辩证唯物主义的对立统一规律;从物理上看,两个主要物理规律,即引力规律和电磁规律,不能同时满足相对性原理;从历史上看,物理学后来的发展也表明,"物理规律都是对称的"这一观点也不正确,自1956年以来,物理学进入了非对称的时代,物理学的一些重要发现,包括3个年度(1957、1980和2008)的诺贝尔物理奖获奖成果,都表明物理学不是对称的。因此,爱因斯坦建立相对论的指导思想——对称性思想,以及根据这个思想提出的一个基本原理——相对性原理都存在问题。

综合以上两点,我们的结论是:在马克思主义与爱因斯坦相对论之间,我们应该坚信马克思主义的正确性。因此,我们的结论是在爱因斯坦相对论中存在一个错误,这个错误是:在相对论中爱因斯坦仅考虑了矛盾的一个方面——对称性,而完全忽略了矛盾的另一方面——对称性破缺,因此,爱因斯坦的相对论是一个不完

整的理论，在这个理论中缺少某些重要的东西，例如，狭义相对论的引力理论以及相对论引力场的能量守恒方程。

针对上述错误，笔者提出了修改爱因斯坦相对论的方法，即把对称性破缺的思想引入相对论，通过修改狭义相对性原理，进而便可建立一个新的相对论理论——非爱因斯坦相对论。

第6章　能量守恒规律的发现

前面我们曾提到，在爱因斯坦狭义相对论中缺少一个重要方程，引力场的能量守恒方程，这将导致爱因斯坦的理论得出的结果与能量守恒规律相矛盾。为什么在爱因斯坦的理论中会出现这样的错误呢？在以下几章将做详细的论述。

不过，在讨论这一问题之前，我们需要对能量守恒规律的发现过程有所了解。能量守恒规律是物理学的一个重要规律，它揭示出自然界的一个普遍规律。目前，关于能量守恒规律有3种表述形式。

第一种表述是物质的运动既不能创造，也不能消灭，运动可以从一种形式转化成另一种形式，但无论运动形式如何变化，物质的运动量总是恒定的。

第二种表述是热力学第一定律：任意过程中系统从周围介质吸收的热量、对介质所做的功和系统内能增量之间在数量上守恒。热力学第一定律实际上就是能量守恒与转化定律在一切涉及宏观热现象过程中的具体表现。

第三种表述是第一类永动机是制造不出来的。因此，能量守恒和转化定律的发现宣判了第一类永动机的死刑，也宣告了这类永动机神话的破灭。

本章，我们将对能量守恒定律的发现过程做一回顾，了解这段历史，对我们认识和理解能量守恒规律是十分有益的[38, 39]。

6.1　“死力”和“活力”之争

“能量”这个词有着悠久的历史，其源头可以追溯到古希腊。亚里士多德将能量定义为：“是使某种事物得以履行其职能的东西。”在1842年出版的《大不列颠百科全书》中，对“能量”一词的解释是：“一个源于古希腊的词，表示一件事情的能力、优点或效能。”

“能量守恒”的思想则源于运动守恒，机械能守恒是能量守恒在机械运动中的一个特殊情况，早在力学初步形成时期，人们就已有了这一概念的萌芽。

在17世纪初，伽利略已经注意到这样的事实，用滑轮“提升重量所需的力乘以作用力所经过的距离是保持不变的，尽管两个因子本身都可以变化。”显然，在伽利略的思想中已经有了功的概念。另外，斯蒂芬研究杠杆原理、惠更斯研究弹性碰撞时，也已涉及能量守恒问题。惠更斯在观察落体运动时认识到，下落的物体能够跳回到原来的高度，但不会跳得更高。毫无疑问，这里已经包含了机械能守恒的思想。

不过，限于当时科学发展的水平，伽利略、惠更斯等人都不可能赋予上述现象更重要的意义。直至 17 世纪下半叶，牛顿理论建立后，人们开始探求用什么物理量来量度运动的问题。在这以后长达 100 多年的时间里，物理学家围绕着运动的度量问题展开了一场激烈的争论，这场争论就是物理学史上著名的笛卡尔-莱布尼茨论战。

这场争论时间之长、规模之大，在科学史上是罕见的，许多科学家都卷了进来，正是在这场争论中，能量这个概念引入到物理学中。

在 17 世纪 30 年代，笛卡尔（见图 6 - 1）提出了动量守恒的原理。笛卡尔认为，物质的运动是永恒的，它既不能创造，也不能消灭。他把运动物体的质量和速度的乘积（mv），作为物体运动的量度。动量守恒定律是力学的一个基本定律，它告诉我们，任何物质系统在不受外力作用，或者所受外力之和为零时，它的总动量保持不变。

图 6 - 1　笛卡尔

图 6 - 2　莱布尼茨

以碰撞问题为例，设有质量为 m_1 和 m_2 的两个球，分别以 v_1 和 v_2 的速度沿着一直线作同向运动，在碰撞后，两球各以 u_1 和 u_2 的速度沿着原方向运动，那么，两个球在碰撞前的动量之和等于碰撞后的动量之和，即

$$m_1 v_1 + m_2 v_2 = m_1 u_1 + m_2 u_2$$

后来，惠更斯发现在弹性碰撞前后，两碰撞物体的质量和速度的平方的乘积

(mv^2)之和,也是不变的。于是引出一个问题,究竟应该用 mv 还是 mv^2 来度量物体的运动呢?

莱布尼茨(见图 6-2)在研究落体运动时注意到:“把四磅重的物体举起一英尺和把一磅重的物体举起四英尺,需要同样的力;但是物体所经过的距离是和速度的平方成正比的,因为,当一个物体落下四英尺的时候,它就获得两倍于它落下一英尺时的速度。但是,物体下落时获得了把物体举高到它开始下落时的高度所需要的力;所以这两种力都与速度的平方成正比。”

由此莱布尼茨认为不应该用 mv,而应该用 mv^2 来度量物体的运动。

当时,牛顿已经创立了“力”的概念,人们也习惯于广泛的使用“力”这个名词。莱布尼茨把 mv 称为“死力”,而把 mv^2 称为“活力”。因此,历史上把笛卡尔-莱布尼茨的这场争论,也称为“死力”和“活力”之争。

1743 年,达朗贝尔发表了《动力学论》这部著作,想对死力和活力之争做出评价,但由于达朗贝尔始终局限在机械运动范围内考虑问题,因此,他并未真正平息这场争论。1746 年,康德这位伟大的思想家,将他的一部巨著《关于活力之正确评价的意见》贡献给这场论战。

这场旷日持久的争论,在当时是势均力敌,不分胜负。从今天的角度看,这场争论是由于当时人们滥用“力”这个概念所造成的混乱。莱布尼茨所说的,“把物体举高到它开始下落时的高度所需要的力”,实际上就是物体在地球引力场中的势能。因此,只有引入能量概念后,这场争论才能得以解决。能量守恒这个概念就是在“死力”和“活力”的论战中引入到物理学中来的。

1695 年,莱布尼茨以“力和路程的乘积等于活力的增量”这一形式,提出了类似于现今动能定理的表述。不过,莱布尼茨的活力是 mv^2,而不是动能 $\frac{1}{2}mv^2$,所以莱布尼茨的论述是不准确的。1807 年,英国物理学家托马斯·杨首先提出用“能量”一词来代替活力。但托马斯的提议没有被广泛采用,人们仍然滥用“力”这个概念。

6.2 能量守恒定律的第一个发现者——卡诺

能量守恒定律的发现与工业革命有关,工业革命起源于机器和蒸汽机的发明。

1765 年,哈格里夫斯发明了一架能够同时带动 16～18 个纱锭的手摇纺车,取名为“珍妮”机。1769 年水力纺纱机也发明了。后来,克隆普顿综合了珍妮机和水力机的优点,发明了可以带动 300～400 个纱锭的自动纺纱机。在棉纺机发明的推动下,1785 年,又发明了织布机。

机器的发明和采用，产生了一个尖锐的矛盾，即动力不足，为了克服这一困难，1769 年，瓦特在纽科门蒸汽抽水机的基础上，发明了瓦特蒸汽机，1783 年，棉纺工业开始使用瓦特的蒸汽机作为动力。

英国的工业革命，从 18 世纪 60 年代开始，到 19 世纪 30 年代末，经历了 70～80 年的时间，终于基本完成。工业革命的完成也推动了自然科学的发展。蒸汽机时代的特征，给科学的发展打上了深深的烙印。热力学就是在蒸汽机的应用和改进的过程中发展起来的。能量守恒定律，即热力学第一定律就是在这一历史背景下发现的。

发明了蒸汽机之后，为了提高热机效率，人们便开始对热进行研究。然而，人类对热的本质的认识，却走过一段曲折的道路。

1754 年，英国一位医生布莱克提出了关于热的一种新学说——热质说。他认为，热是一种特殊的“物质”。在此之前，热和温度被看成一个东西。布莱克第一次把这两个概念区别开来。他研究了冰的融化和水的汽化，发现冰在融化时吸收了大量的热，但本身并没有变得更热，温度没有升高。水变成蒸汽，也有类似的情形。由此他得出结论：热是一种物质——“热质”，它与冰结合，就成为水；它再与水结合，就成为汽。

布莱克还从实验中得到了比热容的概念。所谓比热容，就是把一个单位物质的温度提高一度所需要的热量。布莱克关于比热容的学说，使人类对热的认识进入到定量的阶段，这是他对科学的一个重要贡献，但也因为这一点，使得热质说变得流行起来。在其后的一个世纪，热一直被看作是一种神秘的物质，而不是被看作是物质的运动形式。

19 世纪 20 年代，法国一位工程师卡诺，在研究蒸汽机的过程中，发现了能量守恒和转化定律。

最初，卡诺也是一个热质说的信徒，他把热看作一种流质，并同水进行了比较。他在 1824 年发表的《关于火的动力和发动这种动力的机器》的论文中，认为蒸汽机里的热是从高温部分(锅炉)流向低温部分(冷凝器)，从而使蒸汽机获得了机械功。水从高处流向低处推动水车时，它的总量是不变的；热从高温热源流向低温热源而获得机械功时，热的总量也是不变的。在这篇文章中，卡诺已涉及热能和机械能相互转化问题，并接触到了热功当量。但是，由于他相信热质说，此时他并没有真正理解自己的工作。

1830 年，卡诺终于放弃了热质说，他在笔记中写道：“热不是别的什么东西，而是动力(能量)，或者可以说，它是改变了形式的运动。它是(物体中粒子的)一种运动。如果物体的粒子的动力被摧毁了，必定同时有热产生，其量正好准确地同被摧毁的动力的量成正比；反过来说，如果热损失了，必定有动力产生。”

卡诺继续写道："人们由此可以提出一个普遍的命题；动力(能量)是自然界的一个不变量，准确地说，它既不产生，又不能消失。实际上，它只改变它的形式，这就是说，它有时引起一种运动，有时引起另一种运动，但它绝不消失。"

从这里不难看出，此时的卡诺已经认识到热是一种运动，并且发现了能量守恒定律。然而遗憾的是卡诺的工作还没来得及发表，一场霍乱瘟疫便夺取了这位年轻科学家的生命。1832 年，卡诺不幸去世。虽然卡诺第一个发现了能量守恒规律，由于他过早的死去，人们无法了解他的工作。他的弟弟虽然看过他的遗稿，但不理解他的工作的重要意义，直到 1878 年，卡诺遗留的手稿才公开发表，但这时能量守恒定律已被物理学界普遍接受，卡诺的手稿中已经没有新奇的东西了。

6.3 最早发表能量守恒定律的人——迈尔

世界上最早提出并公开发表能量守恒定律的人，是德国青年医生迈尔(1814—1878 年)(见图 6-3)。

图 6-3 迈尔

26 岁那一年，在一次驶往印度尼西亚的航行中，迈尔作为随船医生，他在船上治病的过程中，发现病人静脉血液比在欧洲看到的颜色红一些。他从当地医生那里得知，这种现象在热带地区到处可见。这到底是什么原因呢？

那时，法国科学家普里斯特利已经发现了氧，拉瓦锡的燃烧理论也得到了普遍的承认。燃烧不是燃素的流动，而是氧化的过程。而且已经证明，呼吸和燃烧的性质相同，只有缓慢和急速的区别。由此迈尔想到，呼吸就是氧化，给人体提供热量。由于热带高温地区，在通常情况下，人体消耗的热量要比欧洲地区少些，机体内食物的氧化过程也就弱些，可是进入人体中的氧却一般多，因此，有较多的剩余的氧遗留在静脉的血液中，使静脉中的血变得红了。

从这里迈尔得到启示，不仅机械能可以转化为热，而且食物中的化学能，同样可以转化为热。而且他还想到，人体像一部机械，肌肉收缩可以产生机械能，这些机械能从哪里来的呢？除了来自食物的化学能之外，没有别的来源。由此可见，机械能、热能、化学能，都是可以互相转化的。

长期以来，人们虽然已经进入了探索热和机械功的关系，但是由于缺乏能量转化的观念，不能揭示它们内在联系的本质。而一旦有了能量转化的观念，突破也就随之而来。迈尔在1842年发表了题为《热的力学的几点说明》一文，在这篇文章中，迈尔宣布了热和机械能的相当性和可转换性。

1845年，迈尔发表了第二篇文章《有机运动及其与新陈代谢的联系》，该文更系统地阐述了能量守恒与转化的思想。他明确指出："在死的和活的自然界中，这个力(即能量)永远处于循环转化的过程之中，任何地方，没有一个过程不是力的形式变化"。文中列举了25种能量转化的方式，迈尔指出：太阳能是地球上取之不尽的能量来源，植物吸收太阳能，把它转化为化学能。动物摄取植物，通过氧化，把化学能转化为热和机械能。肌肉是转化能量的工具，它本身在运动中没有消耗。因此，迈尔也是第一个把能量转化概念用于生物学现象的人，他是生物物理学的先驱。

1848年迈尔发表了《天体力学》一书，书中解释了陨石的发光是由于在大气中损失了动能，他还用能量守恒原理解释了潮汐的涨落。

迈尔虽然第一个提出了能量守恒与转化定律，但是在他的著作发表的几年里，他的工作不仅没有得到人们的重视，反而受到一些著名物理学家的反对。由于他的思想不符合当时的流行观念，还受到人们的诽谤和讥笑，使他在精神上受到很大的刺激，曾一度进入精神病院，倍受折磨。

迈尔对能量守恒定律的发现，做出了不朽的贡献，他的遭遇将永远博得人们的同情，他的经验和教训也引起了后人的深思。

迈尔是一位善于思辨的科学家，他在看到热带地区海员的静脉血较红，就针对这一现象提出一种解释，即一种假说。爱因斯坦对此是这样评述的："不到一百年以前，迈尔猜测了一个新的线索，这个线索引出了把热看作是能的一种形式的概念。"

英国科学家梅森(Mason S F)说："从他的论文看来，迈尔有点像个自然哲学家，他的那些臆想取得了肯定的成就。"

由此可见，迈尔不是通过归纳方法得出能量守恒定律的，而是通过猜测、臆想和假说达到的，即通过大胆的思辨、大胆的想象和大胆的创造，迈尔发现了能量守恒定律。

然而遗憾的是迈尔的工作没有被当时的人们所接受，迈尔的正确理论不能引起人们的重视，除了社会的原因之外，还有一个原因就是迈尔的工作缺乏实验证据。英国业余物理学家焦耳的工作正好弥补了这一缺陷。

6.4 焦耳的实验研究和能量转化与守恒定律的完整的数学表述

图 6-4 焦耳

焦耳(见图 6-4)是英国著名实验物理学家,1818 年生于英国曼彻斯特,他的父亲是一位富有的酿酒厂主。焦耳从小在家中跟着家庭教师学习。16 岁开始与其兄弟一起到著名化学家道尔顿那里学习,这段经历在焦耳的一生中起到关键的指导作用,使他对科学发生了浓厚的兴趣,后来他在家中做起各种实验,成了一名业余科学家。

焦耳年轻的时候,正赶上永动机席卷欧洲的热潮,焦耳也受其影响,一度成为一名“永动机迷”,研制永动机消磨了他的许多时间,一次又一次的失败之后,引起了他的深思,开始研究热和机械功之间的关系。焦耳设计了一个实验,他把铜制的翼轮沉没在水中,用重锤使翼轮转动,通过摩擦提高水的温度(见图 6-5)。焦耳得出,要产生可以把 1 kg 水的温度升高 1℃的热量,需要花费相当于 427 kg 重的物体下降 1 m 所做的机械功,这样,他得出的热功当量为 427 kg · m/kcal 或 4.18 J/cal。

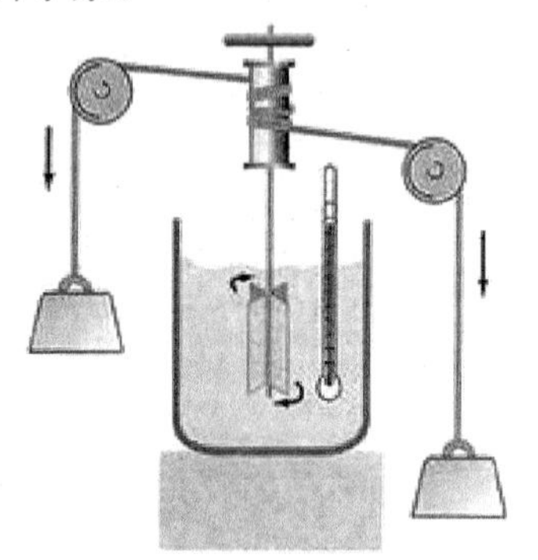

热功当量实验
图 6-5 焦耳实验

1843 年,英国皇家学会举行会议,焦耳在会上宣读了自己的论文,受到了冷遇,皇家学会拒绝发表他的全文。然而,焦耳并没有屈服于权威,他决心以更精确的实验来证明自己的工作。

图 6-6 亥姆霍兹

从 1843 年起,焦耳以磁电机为对象开始测量热功当量,直到 1878 年最后一次发表实验结果,他先后做了 400 余次实验,采用了原理不同的各种方法,以日益精确的数据,为热和功的相当性提供了可靠的证据,从而使能量转化与守恒定律建立在牢固的实验基础上。

1847 年,德国物理学家亥姆霍兹(见图 6-6)发表了一部著作《论力的守恒》,书中亥姆霍兹第一次引入了势能的概念。并根据对落体运动的分析,建议用 $\frac{1}{2}mv^2$ 取代 mv^2 来表示活力的量。亥姆霍兹的工作实际上离能量守恒定律只差一步,但遗憾的是他没有迈出这最后一步。

亥姆霍兹写的明明是一本关于能量守恒和转化的专著,但他却将书名取为《论力的守恒》,并且还将势能改名为“张力”。事实上他已发现了机械能守恒定律,在忽略空气阻力的情况下,他得出了总机械能是一个恒量,但亥姆霍兹却把它说成活力加张力等于总力,总力是守恒的。

能量守恒定律完整的数学形式,是由德国科学家克劳修斯在1850年首先提出的,克劳修斯分析了热量 Q、外功 W 和气体状态的某一特定函数 u 之间的关系,最终得出一个全微分方程:

$$\mathrm{d}Q = \mathrm{d}u + A\mathrm{d}W$$

这里的 u 后来人们称作内能,式中的 A 是热功当量。克劳修斯的这一方程给出了热力学第一定律完整的数学表述,它也是能量转化与守恒定律在一切涉及宏观热现象过程中的具体表现。这一公式确认,任意过程中系统从周围介质吸收的热量、对介质所做的功和系统内能增量之间在数量上是守恒的。

能量守恒的概念直到1853年才由英国物理学家威廉·汤姆逊明确地提出来。1867年,汤姆逊在《自然哲学论》一书中,又将活力更名为动能,从此之后,能量守恒一词普遍地使用起来。能量守恒定律,在经历了千辛万苦的历程之后,终于成了自然科学的一个光辉成果。

第7章 伟大的运动基本规律

19世纪自然科学有三大发现，这三大发现是细胞学说、进化论和能量守恒规律。

1838—1839年，德国植物学家施莱登和生物学家施旺分别发现了植物和动物都是由细胞组成的，一切机体都是从细胞的繁殖和分化中发育起来的，从而揭开了机体产生、成长和构造的秘密。

1859年，英国生物学家达尔文发表了《物种起源》一书，奠定了生物进化论的基础，生物从简单到复杂，从低级到高级，逐渐发展和变化的过程被揭示出来。

能量守恒规律是19世纪的三大科学发现之一，恩格斯在《自然辩证法》一书中对这一规律的发现给予了高度的评价，称它为“伟大的运动基本规律”。

7.1 恩格斯关于能量守恒定律的论述

《自然辩证法》是恩格斯写的一部阐述自然界和自然科学辩证法的未完成的著作。

弗里德里希·恩格斯1820年11月28日出生于德国的巴门市，他是一位棉纺厂厂主的儿子，他的3个弟弟都走上了经营工商业的道路，4个妹妹也都嫁给了有钱人家，只有他选择了一条完全不同的生活道路。1842年11月恩格斯去英国实习经商，在科伦《莱茵报》的编辑部里和马克思第一次见面。1844年8月28日，他从英国返回德国的途中，在巴黎逗留10天左右，拜访了马克思，由此开始了他和马克思的友谊与合作。

恩格斯在他的一生中，对自然科学进行了深刻而广泛的研究，恩格斯晚年在回顾这一点时写道：

“马克思和我，可以说是从德国唯心主义哲学中拯救了自觉的辩证法并且把它转为唯物主义的自然观和历史观的唯一的人。可是要确立辩证的同时又是唯物主义的自然观，需要具备数学和自然科学的知识。马克思是精通数学的，可是对于自然科学，我们只能做零星的、片断的研究。因此，当我退出商界并移居伦敦，从而获得了研究时间的时候，我尽可能地使自己在数学和自然科学方面来一个彻底的——像李比希所说的——‘脱毛’，八年当中，我把大部分时间用在这上面。”（《马克思恩格斯选集》第3卷，第51页）

这里的“脱毛”一词是借用了德国著名化学家李比希的用语，19世纪化学得以迅速发展，李比希在强调化学家必须适应化学的快速发展时曾说，把“不适应飞翔的旧羽毛从翅膀上脱落下来，而代之以新生的羽毛，这样飞起来就更有力更轻快。”恩格斯十分欣赏李比希的这一比喻，决心使自己也来一次“脱毛”，他以艰苦进取的精神来学习自然科学知识，他集中精力研究物理学、化学和生物学，特别使他感兴趣的是达尔文的进化论、施莱登和施旺的细胞学说、能量守恒和转化定律以及有机化学方面的问题，恩格斯正是通过对自然科学的学习和研究，为创立自然辩证法这门科学奠定了扎实的基础。

恩格斯是在1873年开始写作《自然辩证法》的，同年5月30日，恩格斯在给马克思的信中讲了他刚想到一些“关于自然科学的辩证思想”：

“自然科学的对象是运动着的物质、物体。物体和运动是不可分的，各种物体的形式和种类只有在运动中才能认识，离开运动，离开同其他物体的一切关系，就谈不到物体。物体只有在运动中才显示出它是什么。因此，自然科学只有在物体的相互关系中，在物体的运动中观察物体，才能认识物体。对运动的各种形式的认识，就是对物体的认识。所以，对这些不同的运动形式的探讨，就是自然科学的主要对象。”[40]

恩格斯的这段论述揭示了自然科学的基本性质，揭示了各门科学之间的内在联系，也给出了科学分类的客观标准。由于运动形式是一切自然科学的主要对象，那么，反映各种运动形式相互关系的能量守恒规律，自然成为一条贯穿于一切自然科学领域的基本规律。能量守恒规律告诉我们，各种运动形式都不是孤立的，它们都可以相互转化，而且在转化过程中，各种形式的运动量度之间存在着一个确定的守恒关系。

18世纪的物理学家，孤立地看待物质的各种运动形式，否认各种运动形式的相互联系和相互转化。他们对一些难以理解的现象，要么用什么“力”——活力、死力、亲和力或接触力等进行解释，要么用什么“素”——热素、燃素、电素等神秘的物质假设进行搪塞。能量守恒规律的发现，就把这些神秘的“力”和“素”从物理学中排除出去了。因此，能量守恒规律的发现是人类对自然界认识的一个重大飞跃，它为整个自然科学的发展开辟了一个新的时代。恩格斯把这个时代称为“进化论和能量转化时代”。（《马克思恩格斯全集》第37卷，第106页）

恩格斯在《自然辩证法》一书中对能量守恒规律是这样论述的：

“自然界中所有无数起作用的原因，过去一直被看作一种神秘的不可解释的存在物，即所谓力——机械力、热、放射（光和辐射热）、电、磁、化学化合力和分解力，现在都已证明是同一种能（即运动）的特殊形式，即存在方式；我们不仅可以证明，它在自然界中经常从一种形式转化到另一种形式，而且甚至可以在实验室中和工业中实现这种转化，使某一形式的一定量的能总是相当于另一形式的一定量的能……自然界中整个运动的统一，现在已经不再是哲学的论断，而且是自然科学的事实了。”[41]

关于能量的定律，当时的物理学家都强调量的“守恒”这一方面，把这个定律称为“能量守恒定律”。恩格斯则特别强调了质的“转化”的一面。早在 1858 年 7 月 14 日，恩格斯同马克思讨论这个定律时，就说明这是物理学中各种力（即能量）的相互转化的关系[40]。

1885 年，恩格斯《反杜林论》的第三版出版，在这一版的序言中恩格斯写道：

“如果说，新发现的、伟大的运动基本规律，十年前还仅仅概括为能量守恒定律，仅仅概括为运动不生不灭这种表述，就是说，仅仅从量的方面概括它，那么，这种狭隘的、消极的表述日益被那种关于能的转化的积极的表述所代替，在这里过程的质的内容第一次获得了自己的权力，对世外造物主的最后记忆也消除了。当运动（所谓能）的量从动能（所谓机械力）转化为电、热、位能等等，以及发生相反转化时，它仍是不变的，这一点现在已无须再当作什么新的东西来宣扬了；这种认识，是今后对转化过程本身进行更为丰富多彩的研究的既得的基础。而转化过程是一个伟大的基本过程，对自然的全部认识都综合于对这个过程的认识中。”[42]

从这段论述中我们知道，人类对自然界的认识是通过认识物质的运动来实现的，而运动实际上就是能量的转化。能量以多种不同的形式存在着，按照物质的不同运动形式分类，能量可以分为机械能、化学能、热能、电能、辐射能、核能等。这种不同形式的能量之间可以相互转化。自然界一切过程的多样性和复杂性，都表现于运动的转化过程中。如果我们认识了运动的转化过程，那么，也就综合了对自然界的认识。因此，恩格斯把能量守恒定律称为能量守恒与转化定律，恩格斯起的这个名字是对这一定律更全面、更准确的表述。

7.2 关于死力和活力争论的总结

有了能量守恒和转化定律，关于死力和活力之间的争论就可以解决了，恩格斯对这一问题作了科学的总结。

运动守恒的思想最初是由笛卡尔在 1644 年出版的《哲学原理》一书中提出来的，笛卡尔认为，宇宙中存在的运动的量是永远一样的，但笛卡尔所说的运动量实际上是指动量，也就是死力 mv；而莱布尼茨则认为，活力 mv^2 才是表述运动的量。

因此，这场争论的焦点是：为什么运动有两种量度。

在能量守恒定律发现之前，由于人们没有关于运动转化的观念，使得这场争论长期以来毫无结果。能量守恒与转化定律的建立，终于使这场旷日持久的争论真相大白了。恩格斯在《反杜林论》一书中，对这场争论双方的论点和论据，做了详细的分析，而且还对力学、物理学和化学等各种过程，做了分别考察，恩格斯把问题分为 3 种情况。

(1) 对于传递运动的机械，例如杠杆、轮轴、螺旋等，mv 和 mv^2 两种量度都是适用的。但是，当发生机械运动消失时，例如当物体由高处落到地面而停止运动时，机械运动消失了，它转化为热、声和物体的变形，这时 mv 就不适用了。由此，恩格斯得出结论："mv 表现为简单移动的、从而是持续的机械运动的量度，而 mv^2 表现为已经消失了的机械运动的量度。"

(2) 完全弹性碰撞问题。因为在这种情况下，动量和动能都是守恒的，所以，mv 和 mv^2 两种量度都是适用的，此时它们具有同样的效力。

(3) 非弹性体的碰撞。这种碰撞，由于在非弹性体之间出现了内摩擦，使 mv^2 有了一定的损失，它部分地转化为其他形式的能量；而 mv 的总和在碰撞前后是一样的，所以在这种情况下，动量 mv 不能反映运动的损失，它不能作为运动的量度。恩格斯对此是这样论述的："mv^2 的总和正确地表现了运动的量，而 mv 的总和却不正确地表现运动的量。"

通过以上分析，恩格斯做出总结：

"这样，我们就发现，机械运动确实有两种量度，但是也发现，每一种量度适用于某个界限十分明确的范围之内的一系列现象。""一句话，mv 是以机械运动来度量的机械运动，$\frac{1}{2}mv^2$ 是以机械运动转化为一定量的其他形式的运动的能力来度量的机械运动。"

恩格斯的总结，为这场关于死力和活力之间的争论画上了句号。能量守恒与转化定律是 19 世纪物理学中一个最重要的发现。一方面它把各种自然现象用定量的规律联系起来；另一方面，它还从质上表明了一种运动形式转化为另一种运动形式的可能性，说明运动形式相互转化的能力，是物质本身所固有的。这样能量守恒与转化定律第一次在空前广阔的领域里，把自然界各种运动形式联系起来，以近乎系统的形式描绘出一幅自然界事物相互联系的清晰图画。因此，恩格斯说能量守恒与转化定律是一个"伟大的运动基本规律"。

7.3　能量守恒定律经历的三次考验

能量守恒定律是 19 世纪的三大科学发现之一，这个规律并不仅是从数学上推导出来的一个结论，而是从大量的实验中总结出来的结果。到目前为止，能量守恒规律还没有与自然现象的观察结果发生过矛盾。不过，自从能量守恒定律提出后，这个定律曾三次受到怀疑和考验。

1896年，物理学展开了新的一页。这一年伦琴发现了X射线，接着贝克勒尔发现了铀元素的放射性。1898年，居里夫妇又发现了具有很强放射性的镭元素。对于镭这类放射性元素为什么能放出大量能量，以前的理论都无法解释。于是，法国物理学家庞加莱就怀疑起能量守恒定律的正确性来。他在1905年出版的《科学的价值》一书中讨论了“数学物理学今日的危机”，提出“能量守恒原理现在已成为悬案，所有其他的原理也遭到危险。”不过，后来物理学的发展表明，能量守恒定律不仅经受了考验，而且形式得到了发展，内容更加丰富了。

此后，能量守恒定律又遭到两次怀疑，这两次怀疑都是由哥本哈根学派的首领玻尔提出来的。

一次是发生在1924年，玻尔和他的助手提出，为了解决光在传播时的波动性同光在吸收和发射时的粒子性的矛盾，必须假定光是概率波，能量守恒定律只在统计的平均上才成立，而对于光的吸收和发射的单个过程并不成立。然而，一年后海森伯等建立了量子力学，再过一年，薛定谔又建立了波动力学，这两个理论都能够顺利地解决微观客体的波动性和粒子性的矛盾，而它们都以能量守恒定律作为理论基础的。于是，玻尔等人对能量守恒定律的怀疑也就没有了依据，能量守恒定律再一次经受住了考验。

20世纪30年代，物理学家开始探索原子核衰变，实验表明，在原子核衰变过程中，如果是放射出α粒子(即氦原子核)或γ射线(波长比X射线还短的电磁波)，这些α粒子或γ射线都具有确定的能量值，也符合能量守恒规律。但β衰变的过程中，所放射出来的电子的能量却是连续分布的，而且还发生了所谓“能量亏损”的现象，即原子核在衰变前后的能量差，并不等于β粒子所具有的能量，也就是说，在β衰变过程中能量丢失了，于是，一些物理学家又对能量守恒定律产生了怀疑。1931年玻尔提出，能量守恒定律在原子核这一新的领域中，可能不再成立了。由于β衰变过程中的“能量亏损”关系到能量守恒定律是否真实可靠，因此，这个问题很快成为20世纪30年代物理学中的一个重大问题，引起了许多物理学家的密切关注和积极研究。

当时，有一些物理学家坚信能量既不能创生也不能消失的信念，坚持认为能量守恒定律是一个普遍的物理规律。泡利就是这一派物理学家的一个代表，1933年，泡利根据能量守恒定律提出了“中微子”假说，他认为，在β衰变过程中总能量是守恒的，所以会出现“能量亏损”现象，原因是有一部分能量被一种叫作中微子的粒子带走了。由于中微子不带电，以往的观测仪器没有探测到它，所以，不是能量消失了，而是部分能量被转化为我们暂时还不知道的一种形态。

泡利的假说得到了意大利物理学家费米的赞同，1934 年费米在泡利假说的基础上，建立了 β 衰变的理论，费米提出，β 放射性是核内的中子在转变为质子时，放射出电子（即 β 粒子）和中微子的过程，在这个过程中，能量守恒定律完全成立。后来，人们在实验中果然发现了中微子，证明了泡利和费米的理论是正确的。

以上这些事实表明，每当物理学中出现与能量守恒规律相矛盾的观点时，历史都证明了这些观点是错误的。历史给予我们一个极为宝贵的启示：能量守恒定律是一个伟大的运动基本规律，从事物理学的研究，我们千万不要忘记了这个定律。

第 8 章　两种宇宙观的冲突

了解了能量守恒规律及其发现过程，现在我们可以讨论本书第 1 章提出的第 2 个问题了：恩格斯的宇宙观与爱因斯坦的宇宙观，两者的主要分歧是什么？

所谓宇宙观反映了人们对宇宙总的看法，它包含许多内容，本章主要讨论其中的一个问题，即宇宙中支配天体运动的规律是什么性质的规律？是物理规律还是几何规则？

8.1　为什么爱因斯坦对恩格斯的《自然辩证法》评价不高

《自然辩证法》是恩格斯的一部重要著作，恩格斯在世时这部著作并未出版，恩格斯逝世后，《自然辩证法》一书的手稿一直由伯恩斯坦保管，1924 年，在这本书出版前，伯恩斯坦将这部书的手稿送交爱因斯坦，要他发表意见，爱因斯坦于 1924 年 6 月 30 日，在给伯恩斯坦的回信中写道：

"爱德华・伯恩斯坦先生把恩格斯的一部关于自然科学内容的手稿交给我，托付我发表意见，看这部手稿是否应该付印。我的意见如下：要是这部手稿出自一位并非作为一个历史人物而引人注意的作者，那么我就不会建议把它付印，因为不论从当代物理学的观点来看，还是从物理学史方面来看，这部手稿的内容都没有特殊的趣味。可是，我可以这样设想，如果考虑到这部著作对于阐明恩格斯的思想的意义是一个有趣的文献，那是可以出版的。"[27]

《自然辩证法》出版后，苏联马克思恩格斯研究院院长梁赞诺夫推测，伯恩斯坦没有把《自然辩证法》的全部手稿交给爱因斯坦，而只送去了与《电》这篇论文有关的部分手稿。后来，爱因斯坦对此事进行了澄清，他于 1940 年 6 月 17 日在给胡克的信中写道：

"爱德华・伯恩斯坦曾把全部手稿交给我处理。我的评价的措辞是对全部手稿而说的。我坚决相信，如果恩格斯本人能够看到，在这样的长久的时间之后，他的谨慎的尝试竟被赐予了如此巨大的重要地位，他也会觉得这是荒谬的。"(《爱因斯坦文集》第 1 卷，商务印书馆，1977 年，第 202 页)

从爱因斯坦的上述两封信来看，爱因斯坦对恩格斯的《自然辩证法》的评价不高，为什么会出现这种情况呢？笔者通过研究发现，其中的一个重要原因是恩格斯的宇宙观和爱因斯坦的宇宙观存在矛盾。20 世纪 80 年代，钱学森与科技大学一位教师围绕宇宙学展开的争论，反映的正是这一矛盾。关于这一点，他在文章中也明确地提出来了，他说："要知道，非欧几何、爱因斯坦时空观是和恩格斯的一些概括不相容的啊！"[22]

那么，恩格斯宇宙观和爱因斯坦宇宙观的分歧究竟是什么呢？要弄清这一问题，我们需要对天文学以及宇宙学的历史进行一番考察。

8.2 历史上关于天体运动规律的两种观点

公元前 500 年前后，古希腊的毕达哥拉斯提出了大地是球形的观点，毕达哥拉斯学派认为，一切立体图形中最美好的图形是球形，一切平面图形中最美好的图形是圆形，而宇宙是一种和谐的代表，所以一切天体的形状都应该是球形，一切天体的运动都应该是匀速圆周运动。

到了公元前 300 多年，著名的希腊哲学家亚里士多德进一步发展了毕达哥拉斯等人的观点，系统地提出了地心说，亚里士多德认为地球位于宇宙的中心。太阳、月亮、行星和恒星都围绕着地球做圆周运动，月亮是离地球最近的天体，亚里士多德把宇宙分为"月上世界"和"月下世界"。"月下世界"的物质由土、水、火、气 4 种元素组成，这些物质会不断地腐朽。"月上世界"充满透明而无重量的"以太"，组成"月上世界"的以太和恒星都是永恒的，永远不会腐朽。亚里士多德把"月上世界"分为九重天，这些"天"是一个个天球，亚里士多德给出的各天体的顺序，依次是月亮、水星、金星、太阳、火星、木星、土星、恒星和原动天。星体就镶嵌在对应的天球上，原动天是宇宙的边界，原动天之外没有任何东西。

大约在公元 140 年，亚历山大博物馆的天文学家托勒密，在总结了亚里士多德等前人工作的基础上，在其著作中系统地提出了托勒密的地球中心说。这一学说的要点是：地球位于宇宙中心且静止不动。每颗行星都在一个称为"本轮"的小圆形轨道上匀速运动，本轮的中心在称为"均轮"的大圆形轨道上绕着地球做匀速运动。行星的运动就是由这两种运动复合而成的。托勒密的地心说既是一种关于宇宙的唯象学说，同时也为宗教提供了理论基础，于是，这个理论受到教会的大力支持，因而，地心说长期居于统治地位，让人们信奉了长达 1 400 多年。

在亚里士多德-托勒密的理论中，人们在"和谐性"的框架下研究天体运动，即利用结果的和谐，或结果的优美来解释天体运动现象。他们认为，圆周运动是最完美的运动，天体都是沿着圆周（均轮和本轮）运行，这一思想一直延续到开普勒时代，开普勒早年追求的也是和谐性，即寻找宇宙的和谐。1600 年，开普勒投奔到第谷门下，成了第谷助手。第谷庞大的观测资料举世闻名，与第谷的交往使他放弃了原先的看法。第谷把火星轨道偏心现象的数据交给开普勒，开普勒研究发现，没有任何一种圆的复合运动会得到一条能与第谷的观测数据一致的路径。开普勒经过 4 年多的艰苦计算，在尝试了 19 种想象的路径，由于与观测结果不一致而否定了它们，之后，开普勒最终发现了真实的行星运行轨道是一个椭圆。

开普勒之后，牛顿根据开普勒定律经过长期的研究发现：自然界中任何两个物体之间存在着一种相互的引力，称为万有引力。在《自然哲学的数学原理》的"论宇宙的系统"中，牛顿给出了万有引力定律，自然界中任何两个物体都以一定的力互相吸引着，力同两个物体的质量乘积成正比，同它们之间距离的二次方成反比。在《自然哲学的数学原理》一书中，牛顿还运用引力定律和力学原理解释了一些重要的天文现象，牛顿解释了潮汐的成因，确定了彗星的轨道，从而，人们第一次揭开了天体运行之谜。

在牛顿之前，物理学和天文学并不统一，人们普遍认为，宇宙中的规律有两种，即天上的规律和地上的规律。牛顿的重大贡献就在于，他发现了支配宇宙中物体运动的乃是同一套定律：它使苹果落到地上，也使行星绕着太阳旋转。牛顿力学理论不仅可以解释开普勒发现的行星运动的规律，而且也实现了天上的运动规律与地上的运动规律的统一。

总之，关于天体运动的规律，历史上有两种观点，一种是亚里士多德-托勒密的观点，另一种是牛顿的观点。

亚里士多德-托勒密认为，支配天体运动的规则是几何规则，他们用和谐的、优美的几何轨迹来描述天体的运动。在亚里士多德-托勒密的理论中，圆周运动是完美的运动，天体都是沿着复合的圆周轨道运行。

牛顿的观点则是用物理规律来解释天体的运动，牛顿力学的核心思想是力和力所决定的因果性，牛顿认为找到了力的规律就找到了对运动现象的解释，天体运动的原因是万有引力，天体运动的规律是由万有引力的规律决定的。

8.3 恩格斯《自然辩证法》是对牛顿思想的进一步发展

在《自然辩证法》一书中恩格斯讨论了运动形式和科学分类，恩格斯认为，人们对物质的研究与对运动形式的认识分不开的，恩格斯说："自然科学的辩证法：对象是运动着的物体。物体本身的各种不同的形式和种类又只有通过运动才能认识，物体的属性只有运动中才显示出来；关于不运动的物体，是没有什么可说的。因此，运动着的物体的性质是从运动的形式得出来的。"(《自然辩证法》第 147 页)

根据这个观点,恩格斯提出了科学分类的客观性原则,他说:“科学分类,每一门科学都是分析某一个别的运动形式或一系列彼此相属和互相转化的运动形式的,因此,科学分类就是这些运动形式本身依据其固有的次序的分类和排列,而科学分类的重要性也正是在这里。”(《自然辩证法》第149页)

恩格斯根据上述分类原则,对当时的一些基本自然科学部门作了如下的分类:

力学——研究最简单的机械运动,即位置变动;

物理学——研究声、热、光、电、磁等运动;

化学——研究化合和分解;

生物学——研究生命的运动。

由此可见,恩格斯对科学的分类是建立在19世纪三大科学发现基础上的,其中能量守恒规律对运动形式的研究为科学分类提供了坚实的科学依据。恩格斯在《自然辩证法》一书中对能量守恒与转化规律给予了极高的评价。

恩格斯认为,人类对自然界的认识是通过认识物质的运动来实现的,而运动实际上就是能量的转化。能量以多种不同的形式存在着,按照物质的不同运动形式分类,能量可以分为机械能、化学能、热能、电能、辐射能、核能等。这些不同形式的能量之间可以相互转化。自然界一切过程的多样性和复杂性,都表现于运动的转化过程中。如果我们认识了运动的转化过程,那么,也就综合了对自然界的认识。因此,恩格斯把能量守恒定律称为能量守恒与转化定律,恩格斯起的这个名字是对这一定律更全面、更准确的表述。

由此可见,恩格斯进一步发展了牛顿的思想,他认为,支配宇宙中各种物质运动的规律,不是“几何规律”或“和谐性”这类东西,而是客观的物理规律,即能量守恒与转化规律,恩格斯还把它称为“伟大的运动基本规律”。能量守恒规律的发现是人类对自然界认识的一个重大飞跃,它为整个自然科学的发展开辟了一个新的时代。恩格斯把这个时代称为“进化论和能量转化时代”。(《马克思恩格斯全集》第37卷,第106页)

8.4　恩格斯《自然辩证法》与爱因斯坦宇宙观的分歧

1905年,爱因斯坦建立了狭义相对论,在狭义相对论中,爱因斯坦把经典物理学的牛顿第二定律和麦克斯韦电磁理论,由欧几里得时空推广到了闵可夫斯基时空。狭义相对论完成后,爱因斯坦便开始研究引力问题,他最初考虑把牛顿万有引力定律也推广到狭义相对论,在闵可夫斯基时空中建立一个相对论的引力理论。然而,他几经努力,也无法在狭义相对论中建立一个能够满足相对性原理的引力理论。后来,爱因斯坦不得不放弃最初的想法,转而提出了引力几何化的思想,并根据这一思想建立了广义相对论。

爱因斯坦认为：万有引力不是力，引力是时空弯曲的几何效应，把这句话说得更直白一点就是，爱因斯坦认为牛顿的万有引力定律不是物理规律，而是一个几何定律。既然引力规律是几何规律，于是爱因斯坦就把黎曼几何搬来，借助黎曼理论建立了广义相对论。

爱因斯坦的广义相对论可以用两句话来概括，一句话是“物质告诉时空如何弯曲”，另一句话是“时空告诉物质如何运动”。下面，我们以一个星球周围的引力场为例，对广义相对论做一简要的解释。

爱因斯坦认为，星球的存在（即物质的存在），会导致星球周围的时空发生弯曲，时空弯曲可以用时空曲率张量来表示。而物质的存在可以用能量动量张量来表示，因为，在相对论中，质量与能量是可以相互转换的。

爱因斯坦把时空曲率与能量动量两者联系起来，便得到了广义相对论的场方程，场方程的物理意义用文字表述就是：

$$\text{时空曲率} = \text{能量动量} \tag{8-1}$$

从这个方程可以看出，物质的存在，即星球的能量动量，决定了星球周围时空的弯曲程度，因此，场方程的含义如果用通俗的语言来表述就是“物质告诉时空如何弯曲”。

爱因斯坦还认为，质点在万有引力作用下的运动，例如在星球引力场中的物体下落，是弯曲时空中的自由运动，即惯性运动，质点在时空中走过的路径，是弯曲时空中的最短路径，描述这条路径的方程称为短程线方程，又叫测地线方程。根据这一思想，爱因斯坦便给出了广义相对论的第二个方程：

$$\text{测地线方程} \tag{8-2}$$

测地线方程描述了弯曲时空中的质点是如何运动的，因此，这个方程的含义就是“时空告诉物质如何运动”。

在广义相对论建立之初，爱因斯坦认为广义相对论的基本方程有两个，场方程和测地线方程。1938年，爱因斯坦和福克分别证明了，从场方程可以推导出测地线方程，此后，人们所说的广义相对论的基本方程指的就是场方程。

综上所述可以看出，爱因斯坦又重新回到亚里士多德-托勒密对宇宙的认识上，亚里士多德认为，宇宙中的天体是沿着完美的圆周轨道运行，爱因斯坦认为，引力场中的物体沿着测地线运动。不管是圆周轨道还是测地线它们都是几何曲线，因此，爱因斯坦和亚里士多德都认为，宇宙中的天体运动满足某种几何规则，或者说，是受“和谐性”“对称性”这类数学规律的支配。

关于这个问题，爱因斯坦在1933年“关于理论物理学的方法”的报告中表述得非常清楚。爱因斯坦说：“迄今为止，我们的经验已经使我们有理由相信，自然界是可以想象到的最简单的数学观念的实际体现。我坚信，我们能够用纯粹数学的构造来发现概念以及把这些概念联系起来的定律，这些概念和定律是理解自然现象的钥匙。”[6]

显然，爱因斯坦的上述思想与恩格斯的观点不同。恩格斯认为，自然界的所有运动都受到物理规律的支配，其中一个最重要的规律就是能量守恒与转化规律，在《自然辩证法》一书中，恩格斯正是根据这一思想对运动进行了分类。从爱因斯坦对《自然辩证法》的评语中不难看出，爱因斯坦是不赞同恩格斯观点的，他认为“不论从当代物理学的观点来看，还是从物理学史方面来看”，恩格斯《自然辩证法》手稿的内容“都没有特殊的趣味”。

为了便于读者理解恩格斯的思想与爱因斯坦理论的分歧，下面我们通过一个例子进行说明。

假设有一个星球，一个物体从高处下落到星球表面。

首先，用恩格斯的思想来分析这个问题，恩格斯认为能量守恒与转化规律是“伟大的运动基本规律”，自然界所有的物质运动都遵循这一规律。根据恩格斯的这一思想可以得出，在上述问题中，如果物体下落时没有热、光、电等其他形式的能量产生，那么，物体的下落过程将遵循机械能守恒规律，物体在下落时势能会减小，但由于引力对物体做功，物体的动能会增加，而且，势能的减少恰好等于动能的增加，因此，物体运动应该满足如下形式的能量守恒方程：

$$\text{物体的动能} + \text{物体的势能} = \text{常量} \tag{8-3}$$

下面，再用爱因斯坦的理论分析上述问题。

根据广义相对论引力不是真正的力，而是时空弯曲的几何表现。物体在星球引力场中运动时，引力没有对物体做功，因此，物体下落时不需要满足能量守恒方程。广义相对论认为，物体在引力场中的运动是弯曲时空的一种自由运动——惯性运动，物体运动的轨迹是用几何方程来描述，即用弯曲时空的测地线方程来描述，而且，测地线方程还可以从场方程中推导出来，因此，引力场中的物体运动实际上满足的是广义相对论的场方程，即爱因斯坦场方程(8-1)。

由此可见，在爱因斯坦广义相对论中隐含了一种观点：在宇宙中运动的物体，不需要满足能量守恒规律，只需要满足爱因斯坦场方程就可以了。这就意味着，广义相对论的结果将与能量守恒规律相矛盾。

第9章　钱学森与霍金的主要分歧

下面我们讨论由这场争论引出的第3个问题，钱学森与霍金的主要分歧是什么，是钱学森的观点对，还是霍金的观点对？本章我们就来讨论这个问题。

9.1　钱学森所说的“相对论周围那些‘乌烟瘴气的东西’”指的是什么？

在国内著名科学家中，钱学森是少数几个对批评爱因斯坦相对论持支持态度的人，1969年10月23日，在科学院召开的“批判相对论北京讨论会”上，钱学森提出把批判“相对论周围那些‘乌烟瘴气的东西’”与爱因斯坦区分开[7]。

钱学森为什么赞成批评爱因斯坦相对论？以及钱学森所说的“相对论周围那些‘乌烟瘴气的东西’”指的又是什么呢？下面我们讨论这两个问题。

首先讨论第一个问题，若想弄清这个问题，我们需要对钱学森的科学思想有所了解。在钱学森的科学思想中有这样一个观点，他认为物理学是最基础的科学，自然科学的其他学科，包括宇宙学的问题，最终都需要靠物理学来解决。

1953年，钱学森在美国首次正式提出物理力学的概念，钱学森认为，力学本身的发展就一直离不开物性和对物性的研究。近代工程技术和尖端科学技术的迅猛发展，特别需要深入研究各种宏观状态下物体内部原子、分子所处的微观状态的相互作用过程，从而深刻地理解并认识物体的宏观性质和变化规律。为此，他在美国加州理工学院开设了一门新的课程——物理力学，并编写了《物理力学讲义》。

钱学森回国后，担任中国科学院力学研究所所长，同时兼任力学研究所的物理力学研究室主任，而且还亲自带物理力学研究生，可见当时钱学森非常看好物理力学的未来前景。事实也正如钱学森所料，物理力学后来在国外得到了发展，尤其是在超临界状态的物理力学获得了突出成就。近年来，纳米技术更是突飞猛进，而物理力学正是纳米技术的基础。然而，由于种种原因国内在这一领域的研究却是“三起三落”，经过几次上马又几次下马之后，现在已经落伍了。今天，当我们重新阅读钱学森当年写的《物理力学讲义》的时候，情不自禁地会唏嘘不已。

钱学森如此重视物理力学，这与他对基础科学的认识有关。

1978年，中国科学院提出自然科学的“基础学科”是数、理、化、天、地、生6门。钱学森对此提出了不同的看法，他认为：“一门是物理，研究物质运动基本规律的学问，一门是数学，指导我们推理和演算的学问，其他的学问都是从这两门派生出来的”。“比如化学，它实际上是研究分子变化的物理”。“天文学已经不是光看看月亮、太阳、星星在天上的位置和它们的运行规律了，而是要研究星星内部到底是怎样变化的”。“要研究的是宇宙的演化”，这只能靠物理。地学就是研究地球，现代的板块理论与弄清地球深处的情况都要靠物理。“生物学到了分子水平，生物学也就归结到物理学上去了”。总之，“天、地、生、化这4门科学，从现代科学技术的观点讲，都可以归结于物理的分支了。当然，这里要推理演算，就是用数学，数学是一个工具”。“天、地、生、数、理、化这6门基础学科在科学技术体系中并不是同排并坐的，其中数学和物理又是其他4门学科的基础”[24]。

钱学森还说：“物理学是基础自然科学更为基本的学科，因为现代物理的理论实际上构成了化学、天文学、力学、生物学和地学的基础。”“把物理学作为一个基础，我们从更低一层的物质运动开始来考察上一层的物质运动，这并不是否定了物质运动的不同层次，而是把物质运动的不同层次认识得更深刻了。”[43]

由此可见，钱学森认为物理学是最基础的学科，其他学科，例如天文学是以物理学为基础的，正是基于这样的认识，在关于宇宙问题上，钱学森的观点与恩格斯的观点是完全相同，他们都认为在宇宙中支配天体运动的规律是物理规律，而不是其他的规律。

显然，钱学森的这一观点与爱因斯坦的引力几何化思想是不同的。正因为如此，钱学森是赞同对爱因斯坦相对论进行批评的。

下面讨论第2个问题，在讨论之前，我们需要对广义相对论的历史有所了解。广义相对论建立不久，这个理论便给人们带来了“奇点困惑”，即从爱因斯坦场方程中得到了无穷大的结果，也就是奇点。在物理学的历史上，只要在物理理论中出现无穷大，通常表明这是一件不可能发生的事情。

例如，在电学中，当两个电荷之间的距离等于0时，用库仑定律计算的电场力等于无穷大。由于每个电荷都要占据一定的空间，因此两个电荷不能完全重合，即两个电荷之间的距离不可能等于0，所以，由库仑定律得到的无穷大的结果，在真实的物理世界中是不会发生的。

在理想流体力学中会出现奇点，这是因为理想流体理论所描述的运动不是真实的流体运动，真实的流体有黏性，在黏性流体运动中是没有奇点的。

此外，在黑体辐射公式中的紫外灾难，表明Rayleigh-Jeans的公式有漏洞，因而普朗克建立了量子理论。

总之,在物理理论中是不允许有无穷大的结果出现,只要物理理论中出现无穷大,这个理论多半就是错误的,或者是一件不可能发生的事情。

爱因斯坦对此非常清楚,因此,在狭义相对论中,爱因斯坦提出了物体运动不可能达到光速,因为,以光速运动的物体将具有无穷大的质量。基于同样的理由,对于广义相对论的奇点,爱因斯坦认为它们在现实中也不会存在。1939 年爱因斯坦还专门写了一篇文章,论证在真实的物理时空中不存在施瓦西黑洞(当时叫施瓦西奇点),爱因斯坦写道:“这项研究可以使我们清楚地看到,为什么施瓦西奇点在物理实在中并不存在”[44]。

此后,爱因斯坦一直坚持这一观点,在《爱因斯坦相对论一百年》一书中,弗里克·戴森对此是这样论述的:“爱因斯坦从未改变这种想法,他不仅相信黑洞理论是错误的,甚至没有兴趣考察相关证据……1939 年 J·罗伯特·奥本海默和哈特兰·斯奈德发表了一篇文章,根据爱因斯坦的方程详细阐述了一颗耗尽核燃料的巨星是如何自然地塌缩成一个黑洞的。爱因斯坦一定知道奥本海默-斯奈德的计算,但他从未对此作出回应。几年以后,当奥本海默来到普林斯顿担任高等研究院院长时,他经常能见到爱因斯坦,并且有很多次机会和他谈起黑洞。据我所知,这个话题从未被提起。”[45]

20 世纪 60 年代,随着奥本海默关于中子星的猜测得到证实,他的另一个猜测,即关于黑洞的猜测,又被人们重新提了出来,一些物理学家开始认为广义相对论的奇点在现实中或许存在。此后,黑洞和大爆炸理论逐渐成为天体物理学的热门问题。某些物理学家还借助爱因斯坦的名气,把爱因斯坦明确反对的东西,归功于爱因斯坦,说这些东西是从爱因斯坦广义相对论得出的成果。正是在这一背景下,钱学森提出,把“相对论周围那些‘乌烟瘴气的东西’”与爱因斯坦区分开。根据以上情况,笔者认为钱学森所说的‘乌烟瘴气的东西’指的就是广义相对论中与奇点有关的内容,钱学森之所以这样说,原因在于这些东西爱因斯坦本人也是反对的。

9.2 钱学森与霍金观点的分歧

科技大学的那位教师在宇宙学上并没有什么新的建树,他的工作主要是把国外一些物理学家的观点引进到国内,其中主要是霍金的观点,霍金在《时空的大尺度结构》一书中提出了两个观点。

其一,宇宙中存在黑洞;

其二,时间有起点,宇宙有开端,即宇宙起源于一次大爆炸[46]。

上面两个结果是霍金依据他的奇点定理得出的,其中黑洞理论和大爆炸宇宙理论两者之间存在着密切关系,即通过一个时间反演变换,黑洞问题可以变换成大爆炸宇宙问题,反之,大爆炸问题也能变成黑洞问题。因此,这两个理论是一对孪生兄弟,要么都正确,要么都是错误的。

对于霍金的观点,钱学森是持批评态度的,早在20世纪60年代,大爆炸宇宙学刚热起来的时候,钱学森就称其为相对论周围那些"乌烟瘴气的东西"。1984年1月27日,钱学森在其私人通信中对大爆炸宇宙学是这样评述的:"要么放弃马克思主义时空无限的论点,要么批评大爆炸宇宙学的谬误,二者必居其一。我是坚持时空无限论点的,认为现代科学的宇宙学还很不完善,有待今后的继续努力。我也相信,最终有比现在宇宙学更高明的宇宙学出来。"[21]

在给谭署生的信中,钱学森说得更加明白:那些人"就是要推翻恩格斯在《反杜林论》中关于时间无起点的正确论断,以'证明'马克思主义过时了……什么宇宙学家,政治流氓而已!"

由此可见,钱学森对时间有起点的大爆炸宇宙学是持否定态度的。虽然,钱学森对黑洞没有进行公开的批评,但是前面提到,黑洞理论和大爆炸宇宙学是一对孪生兄弟,否定大爆炸宇宙学就等于否定黑洞。

因此,钱学森在宇宙问题上的观点与霍金的观点是完全对立的,钱学森与科技大学一位教师的争论,实际上反映的是钱学森与霍金的分歧。由此引出一个问题,在钱学森和霍金两人之间,我们应该相信谁呢?

在过去的30多年里,霍金被一些人吹得神乎其神,霍金的理论也成为宇宙学的主流理论,钱学森的宇宙思想很少被人们提及,一些人认为在宇宙问题上钱学森的观点是错误的,国内某些科研机构甚至不允许支持钱学森观点的人开展研究工作。然而,2014年霍金开始认错了,他公开承认宇宙中没有黑洞,这实际上意味着30年前的那场争论,以钱学森的正确而宣告结束。

虽然霍金承认了错误,但仍有许多问题没有解决,例如,为什么宇宙中没有黑洞,黑洞不存在的理由是什么?以及霍金先前的观点究竟错在哪里?这些内容霍金都没有提及,我们把这些问题放到本书的第二篇中讨论,下面对本篇的工作做一总结。

9.3　本篇总结:爱因斯坦相对论的两大错误

30年前,钱学森与科技大学一位教师的争论,反映了马克思主义与爱因斯坦理论之间的矛盾和分歧。马克思主义是科学,爱因斯坦的理论也是科学,两个理论之间出现矛盾,意味着在这两个理论中必有一个存在错误,那么,究竟是马克思主义有问题,还是爱因斯坦理论有错误呢?或者说,是钱学森的观点对,还是中国科技大学的那位教师的观点对呢？现在，我们可以回答这个问题了。

通过前面的研究我们发现，马克思主义与爱因斯坦相对论之所以存在分歧，其根源在于这两个理论的基本原理存在矛盾，具体地说，存在下面两个矛盾。

(1) 对立统一规律与相对性原理的矛盾。

(2) 两种宇宙观的矛盾，即能量守恒规律与爱因斯坦的引力几何化的矛盾。

以上研究告诉我们，在马克思主义和爱因斯坦相对论这两个理论中，正确的一方是马克思主义哲学，爱因斯坦广义相对论存在两处错误。

首先，相对论违反了对立统一规律，在相对论中，爱因斯坦只考虑了对称性，而完全忽略了非对称性，即对称性破缺，这意味着在爱因斯坦的理论中，丢失了某些重要的东西，这就是爱因斯坦相对论的第一个错误。

其次，广义相对论的一个基本思想——引力几何化的思想与能量守恒规律相矛盾，这是爱因斯坦理论的又一个错误。我们认为，自然界中的各种运动都是客观的物质运动，支配物质运动的规律是客观的物理规律。虽然物理规律通常都是用数学方程来描述的，但这些方程并不代表数学规律，数学仅仅是一个工具，支配物质运动的规律依然是物理规律，数学方程只是物理规律的一种数学表述形式。相对论的问题出在爱因斯坦认为，支配宇宙中物质运动的规律是数学规律（几何规则或对称性、和谐性等），他用了一个数学方程（测地线方程）代替能量守恒规律，用来描述宇宙中的物质运动，这是爱因斯坦理论的又一错误。

最后，我的结论是：只要马克思主义的对立统一规律普遍成立，恩格斯关于能量守恒与转化规律的科学论断正确，爱因斯坦相对论就是一个不完善的理论，在这个理论中一定存在错误。这个结果也表明，在30年前那场争论中，钱学森的观点是正确的。

以上所述就是在相对论研究中马克思主义哲学给予我们的提示和指引，在本书的第二篇，我们将沿着马克思主义所指明的方向，进一步论证为什么宇宙中没有黑洞，以及霍金的宇宙理论错在哪里。

第2篇 黑洞不存在的三个理由

——关于黑洞问题的历史考察

在本书第1篇我们得出：只要马克思主义的对立统一规律成立，恩格斯关于能量守恒与转化规律的科学论断正确，爱因斯坦相对论就是一个不完善的理论，在这个理论中一定存在错误。这就是马克思主义哲学给予我们的提示和指引。本篇，我们将按照马克思主义哲学所指引的方向，找出隐藏在爱因斯坦相对论的错误，进而论证为什么宇宙中没有黑洞。我们所采用的研究方法是把辩证唯物主义中逻辑与历史统一的思想方法，运用到黑洞问题的研究中。

1783年米歇耳用牛顿力学理论推导出黑洞，从那时算起，黑洞已经走过了230多年的历程，回顾黑洞研究的历史，可以把它分为3个阶段。

黑洞研究的第一阶段，是用牛顿力学的方法研究黑洞。虽然米歇耳第一个用牛顿力学推导出了黑洞，但米歇耳的工作没有引起人们的注意，直到1986年才被重新发现，因此，用牛顿力学推导出的黑洞一直被称为拉普拉斯黑洞，黑洞研究的第一阶段就是对拉普拉斯黑洞的研究。

黑洞研究的第二阶段，是对广义相对论施瓦西黑洞的研究。爱因斯坦广义相对论刚建立，施瓦西便从广义相对论中推导出一个黑洞，即施瓦西黑洞，从1916年到20世纪60年代，在这一期间，物理学家们所研究的黑洞就是施瓦西黑洞。

黑洞研究的第三阶段，是黑洞研究的现代阶段。20世纪60年代，克尔等人从爱因斯坦广义相对论中又推导出了新的黑洞：克尔黑洞和克尔-纽曼黑洞。此后，随着中子星的发现，以及奇点定理的得出，黑洞问题逐渐成为物理学的一个热点，黑洞研究也进入到一个新的阶段，即黑洞研究的现代阶段。

本篇，首先对黑洞的历史做一回顾，然后讨论在以往的黑洞研究中被人们所忽视的几个问题，进而论述为什么宇宙中没有黑洞，我们将给出黑洞不存在的3个理由。

第 10 章　黑洞研究的第一阶段——拉普拉斯黑洞

我们知道形式逻辑与辩证逻辑的一个主要区别在于，形式逻辑是单纯从逻辑的角度考虑问题，即侧重于用演绎推理的方法研究问题；而辩证逻辑则是把逻辑与历史结合起来研究问题。逻辑与历史的统一的思想最初是由黑格尔提出来的，后来，马克思和恩格斯从唯物主义的立场出发，批判地改造了黑格尔的方法，使之成为辩证逻辑的重要方法之一。

恩格斯对这一方法是这样论述的："历史从哪里开始，思想进程也应从哪里开始。而思想进程的进一步发展不过是历史过程在抽象的、理论上前后一贯的形式上的反映。"(《马克思恩格斯选集》第 2 卷，第 122 页)。

下面我们就把辩证唯物主义中逻辑与历史统一的思想方法，运用到黑洞问题的研究中，本章讨论黑洞研究的第一阶段，我们首先简要回顾一下这段历史，然后用能量守恒规律来分析牛顿力学的拉普拉斯黑洞，进而论述拉普拉斯黑洞实际上是一个错误的结果，以及这一错误产生的原因。

10.1　牛顿力学的基本定律与光粒子学说

1687 年，牛顿《自然哲学的数学原理》的发表，标志着牛顿经典物理学的建立。在《自然哲学的数学原理》中，牛顿确立了力学的 3 条基本规律和万有引力定律[47]。

牛顿运动定律包括：

(1) 牛顿第一定律，任何物体都保持静止的或匀速直线运动的状态，直到其他物体的作用迫使它改变这种状态为止。

物体保持它的原有运动状态不变的性质称为物体的惯性，所以牛顿第一定律又称为惯性定律，惯性定律是由伽利略发现的，因此有时也称为伽利略惯性定律。

(2) 牛顿第二定律，物体的动量对时间的变化率同该物体所受的力成正比，并和力的方向相同。

(3) 牛顿第三定律,又称作用和反作用定律,其内容是:对于任何一个作用必有一个大小相等而方向相反的反作用。即两物体之间的相互作用一定是大小相等、方向相反,且沿同一直线。

牛顿万有引力定律为:自然界中任何两个物体都以一定的力互相吸引着,力同两个物体的质量乘积成正比,同它们之间距离的二次方成反比。如果用 m_1 和 m_2 表示两个物体的质量,r 表示它们之间的距离,则万有引力定律可表示为

$$F = G\frac{m_1 m_2}{r^2}$$

在《自然哲学的数学原理》中,牛顿指出宇宙中的一切物体均按万有引力定律互相吸引,他还运用引力定律和力学原理解释了一些重要的天文现象。例如:在讨论星系运动时,不仅要考虑太阳的引力,还必须考虑其他天体的摄动可能导致对椭圆轨道的偏离;讨论了太阳摄动对月球运动的影响。牛顿还解释了潮汐的成因,确定了彗星的轨道,从而,人们第一次揭开了天体运行之谜。为了描述物体运动,牛顿和莱布尼茨几乎同时发明了微积分。《自然哲学的数学原理》反映了人类对自然认识的一次大飞跃和第一次伟大的综合。

在牛顿之前,物理学和天文学并不统一,人们普遍认为,宇宙中的规律有两种,即天上的规律和地上的规律。牛顿的重大贡献就在于,他发现了支配宇宙中物体运动的乃是同一套定律:它使苹果落到地上,也使行星绕着太阳旋转。牛顿力学理论不仅可以解释开普勒发现的行星运动的规律,而且也实现了天上的运动规律与地上的运动规律的统一。

1704 年,牛顿的另一巨著《光学》出版,在这部著作中牛顿认为,发光物体发射出以直线运动的微粒子流,微粒子流冲击人的视网膜就引起视觉。在整个 18 世纪,科学家们大都相信牛顿的光粒子学说,这个学说认为光是由光源以极高的速度发出的粒子组成[48]。

在《光学》一书的最后部分,牛顿还以独特的形式附上一份著名的问题表,表中共提出了 31 个问题,这 31 个问题不仅包括光的折射和反射,还涉及光在真空、重力和天体中的问题,这些问题内容丰富,并具有启发性,后人评价这些问题是《光学》中最重要的部分,它对牛顿之后的科学产生了巨大的影响。在牛顿提出的 31 个问题中,其中一个涉及光受引力的作用,黑洞就是由这一问题引申出来的。

10.2 米歇耳和拉普拉斯用牛顿力学理论推导出了黑洞

牛顿力学的建立是科学史上一个最辉煌的成就,这个理论对当时和后世人们

的思想都产生了巨大的影响。牛顿理论令人瞩目的应用是在天体领域。

18 世纪末，英国一位物理学家约翰·米歇耳(John Michell)，把牛顿光粒子理论和星球的逃逸速度联系起来，从而推导出一个具有魅力的结果——暗星，也就是今天人们所说的黑洞，米歇耳由此开创了黑洞研究的先河[49]。

逃逸速度这个概念人们都很熟悉。在地球表面向空中扔一个石头，如果石头的初始速度小于某个临界值时，石头就会重新落到地面；只有当初始速度大于这个临界值时，石头才能摆脱地球的引力场逃逸初期，这个临界值就是地球的逃逸速度。利用牛顿引力理论，我们可以计算出地球的逃逸速度为 11.2 km/s。

每个星球都有一个逃逸速度，所谓逃逸速度就是物体摆脱星球引力场所需要的最小速度。一个星球的引力场越强，其逃逸速度就越大，表 10-1 给出了几个天体的逃逸速度 u_e。

表 10-1　几个常见天体的逃逸速度

天体	u_e/(km/s)	β(速度/光速)
地球	11.2	0.000 037 3
木星	60.5	0.000 20
太阳	617	0.002
天狼星 B	3 400	0.011
中子星	200 000	0.67

所谓黑洞实际上就是把逃逸速度的概念推广到大于光速的情况。早在 1687 年，奥·雷默(O. Roemer)通过对木星卫星的观测，已知光的速度大约是 300 000 km/s。于是米歇耳猜测存在这样一种星球，物体要想从这个星球的表面逃逸出去，其逃逸速度要大于光速。

1783 年，米歇耳在英国皇家学会的会议上宣读了他的一篇论文，后来这篇文章发表在《哲学学报》上，文中米歇耳写道："如果一个星球的密度与太阳相同，而半径为太阳的 500 倍，那么一个从很高处朝星球下落的物体，到达星球表面时的速度将超过光速。所以，假定光也像其他物体一样被与惯性力成正比的力所吸引，所有从这个星球发射的光将被星球自身的引力拉回来。"

当时牛顿的光粒子理论还占据统治地位，根据光粒子理论，这种星球如果存在，那么光粒子也不能从这种星球中逃逸出去，换句话说，外面的人根本看不见这种星球。这就是黑洞概念的起源。米歇耳的论文没有引起人们的注意，很快便被人们遗忘了，直到 20 世纪 80 年代才被人们重新发现。米歇耳论文发表不久，法国著名科学家拉普拉斯也独立地推导出与米歇耳相似的结果。

拉普拉斯预言宇宙中存在看不见的天体,这个预言是他于1795年出版的专著《宇宙体系论》中提出的,拉普拉斯认为,引力对光的影响与作用于其他物体的方式相同,由此他得出以下结论:“一个与地球有同样密度的发光星体,直径比太阳大250倍,由于它的吸引,它所发出的任何光线都不可能到达我们这里。由于这一原因,宇宙中最大的发光体可能是看不见的。”

拉普拉斯的《宇宙体系论》一书中没有数学公式,也没有给出上述预言的数学推导。后来,即1798年拉普拉斯给出了推导,在霍金的《时空的大尺度结构》一书的附录中,我们可以看到拉普拉斯当年的推导[46]。

不过拉普拉斯所用的数学公式和符号,今天的人们已经不习惯了,下面我们用大家熟悉的公式,简要介绍一下拉普拉斯黑洞的推导。

10.3 用牛顿力学的能量守恒方程重新推导拉普拉斯黑洞

给定一个质量为M,半径为R的星球,并假设星球的质量是均匀分布的,再给定一个静止质量为m_0的质点,$m_0 \leqslant M$,下面研究质点m_0在星球引力作用下的运动规律,由于讨论的引力场是球对称的情况,因此可进一步假设质点m_0只在星球的径向作直线运动。首先将球坐标系固定在星球M上,并令坐标原点与星球球心相重合。在牛顿力学中,质点质量是一个常量,根据牛顿第二定律和万有引力定律,质点运动方程为

$$m_0 \frac{\mathrm{d}u}{\mathrm{d}t} = -\frac{GMm_0}{r^2} \tag{10-1}$$

利用式(10-1)很容易推导出质点在星球的引力场中运动时的能量守恒方程:

$$m_0 \frac{u^2}{2} + m_0 \varphi = 0 \tag{10-2}$$

式中:φ是牛顿力学的势函数

$$\varphi = -\frac{GM}{r} \tag{10-3}$$

式(10-2)和式(10-3),在《黑洞探疑》一书中给出了推导,在这一推导中,我们规定无穷远处的势函数等于零[1]。

如果不做这一规定,而是规定在星球表面的势函数为零,相应的能量守恒方程应该为

$$m_0 \frac{u^2}{2} + m_0 \varphi = C \tag{10-4}$$

这里

$$\varphi=\frac{GM}{R}-\frac{GM}{r} \tag{10-5}$$

把式(10－5)代入式(10－4)，最后得到的就是一般形式的能量守恒方程：

$$m_0\frac{u^2}{2}+m_0\left(\frac{GM}{R}-\frac{GM}{r}\right)=C \tag{10-6}$$

式(10－6)中第一项代表动能，第二项代表势能，两者之和等于常数表明质点在运动过程中能量守恒。下面我们利用这个方程推导拉普拉斯黑洞。

首先，假设在无穷远处有一个静止的质点，把质点速度等于零和 $r=\infty$，代入式(10-6)便可得出 $C=m_0\frac{GM}{R}$。现在，质点在星球引力作用下开始下落，在下落过程，质点的势能在减小，但动能在增加，因此，两者之和仍然等于恒量 C。最后，质点下落到星球表面，此时势能等于零，即势能全部转化成为动能。如果我们用 u_1 表示质点下落到星球表面时的速度，那么，质点的整个下落过程，就可以用下面这个公式来表述：

$$m_0\frac{GM}{R}=m_0\frac{u^2}{2}+m_0\left(\frac{GM}{R}-\frac{GM}{r}\right)=m_0\frac{u_1^2}{2} \tag{10-7}$$

从这个公式我们不难看出，质点在无穷远处时，只有势能没有动能；质点的下落过程，实际上就是势能不断地向动能转化的过程，随着势能的减少，动能在不断增加，但势能和动能之和保持不变；当质点下落到星球表面时，势能全部转化成为动能。由式(10－7)还可以求出质点下落到星球表面时的落地速度为

$$u_1=\sqrt{\frac{2GM}{R}} \tag{10-8}$$

下面我们再讨论另外一个问题，即我们在星球表面，以星球的逃逸速度 u_e 把一个质点发射出去。显然，这个问题与前面那个问题恰好相反，在星球表面时，质点的势能等于零，而动能为 $m_0\frac{u_e^2}{2}$，随着质点的上升，动能开始转化为势能，于是动能减少势能增加，但两者之和保持不变。这里需要注意，所谓逃逸速度是物体能够摆脱星球引力场所需要的最小速度，因此，以逃逸速度发射的物体，到达无穷远处时的速度应该等于零，如果不等于零，说明物体还能以更小的速度逃逸出去，这将与逃逸速度的定义相矛盾。所以，当质点上升到无穷远处时，速度将等于零，即全部动能都转化为势能，把质点上升的过程用数学公式表述出来，我们最终得到一个

与式(10-7)相类似的公式:

$$m_0\frac{u_e^2}{2}=m_0\frac{u^2}{2}+m_0\left(\frac{GM}{R}-\frac{GM}{r}\right)=m_0\frac{GM}{2} \tag{10-9}$$

由式(10-9)便可得

$$u_e=\sqrt{\frac{2GM}{R}} \tag{10-10}$$

令逃逸速度等于光速,由式(10-10)求出半径,这个半径就是拉普拉斯半径:

$$r_L=\frac{2GM}{c^2} \tag{10-11}$$

式中:c 代表光速;r_L 称为拉普拉斯半径;利用式(10-10)和式(10-11)很容易得到,当一个星球的半径小于拉普拉斯半径时,即 $R\leqslant r_L$ 时,我们就有 $u_e\geqslant c$,这个结果表明,如果光也同一般物体一样受万有引力作用,那么在 $R\leqslant r_L$ 的条件下,光就不能克服引力场而逃逸。

换句话说,根据牛顿万有引力定律和光粒子理论,我们可以得出宇宙中存在这样一种星球,它的半径满足 $R\leqslant r_L$ 的条件,这种星球的引力是如此之强,以至一个以光速运动的物体都无法从星球表面逃逸出去,这种星球拉普拉斯称其为看不见的星球,也就是今天所说的拉普拉斯黑洞。

10.4 拉普拉斯黑洞小结

在米歇耳和拉普拉斯的工作中,包含了几个重要的概念,下面,我们对它们做一归纳。

逃逸速度: 逃逸速度是指物体摆脱星球的引力场,逃到星球引力之外(即无穷远处)所需要的最小速度,逃逸速度本书用 u_e 来表示。

落地速度: 一个静止的物体,从无穷远处开始下落,当物体到达星球表面时的速度就叫落地速度,本书用 u_l 来表示。

米歇耳和拉普拉斯的工作,实际上也给出了黑洞的一个定义,这就是用逃逸速度给出的黑洞定义。

定义 10-1: 一个星球,如果其逃逸速度大于或等于光速,即物体若想从星球表面逃逸出去,其速度必须大于或等于光速,这个星球就称为拉普拉斯黑洞。

目前关于黑洞的定义不止一个,在广义相对论中人们用“视界”来定义黑洞,后面我们将看到,定义 10-1 才是最准确的黑洞定义,它揭示了黑洞的一个本质:即物体若想从黑洞中逃逸出去，其速度必须大于或等于光速。

除了上面这几个概念外，米歇耳和拉普拉斯的工作还揭示了一个重要的物理性质。对比式(10-8)和式(10-10)，便可得

$$u_e = u_l \quad (10-12)$$

这个公式表明，任意一个星球其逃逸速度一定等于落地速度。

这一结果反映了能量守恒规律的一个重要性质——时间反演对称性，这个性质表明：我们将物体从星球表面抛到无穷远处所需要的速度(逃逸速度)，恰好等于物体从无穷远处下落到星球表面时的速度(落地速度)。由式(10-12)，我们得出黑洞的一个重要性质：

所谓黑洞实际上是这样一种星球，物体从无穷远处下落到星球表面时，其落地速度大于或等于光速。

由这个性质我们可以看出，黑洞这个概念实际上与超光速现象密切相关，只要拉普拉斯黑洞存在，必然有超光速现象发生，即物体下落到星球表面时就会出现这一现象。

由此可见，虽然用牛顿力学可以推导出拉普拉斯黑洞，但这个结果并不正确。今天人们都知道牛顿力学只能在速度远远小于光速的情况下使用，但是，在200多年前，当时的人们还不知道牛顿力学的适用范围，当米歇耳和拉普拉斯把牛顿力学的理论用到比光速还大的地方，便推出一个错误结果——拉普拉斯黑洞。

拉普拉斯黑洞这一错误产生的条件：

通过前面的讨论我们知道，拉普拉斯黑洞出现在半径 r 小于拉普拉斯半径的区域，即

$$r \leqslant \frac{2GM}{c^2} \quad (10-13)$$

式(10-13)给出的区域就是拉普拉斯黑洞所在的区域。利用牛顿力学理论，我们还可以推导出式(10-13)的几个等价形式：

$$c \leqslant u = \sqrt{\frac{2GM}{r}} \quad (10-14)$$

$$1 + \frac{2\varphi}{c^2} \leqslant 0 \quad (10-15)$$

以上几个公式从不同侧面描述了拉普拉斯黑洞的特征。式(10-13)描述了拉普拉斯黑洞的几何特征，而式(10-14)和式(10-15)分别给出了拉普拉斯黑洞的速度 u 和势函数 φ 的性质。以上几个公式是完全等价的，它们给出了拉普拉斯黑

洞这一错误产生的条件。

黑洞是由牛顿力学得出的一个错误结果，当把牛顿引力理论用到 $r \leqslant \frac{2GM}{c^2}$ 的区域，或把牛顿速度公式用到大于光速的地方，或把牛顿力学的势函数 φ 用到 $1+\frac{2\varphi}{c^2} \leqslant 0$ 的范围，就会导致拉普拉斯黑洞这一错误的产生。

第11章　黑洞研究的第二阶段——施瓦西黑洞

11.1　爱因斯坦在“物理规律都是对称的”思想支配下，建立了广义相对论

19世纪末，物理学的天空中出现了“两朵乌云”，这两朵乌云的出现，表明建立在牛顿和麦克斯韦理论基础上的经典物理理论是不完善的。经典物理学的不完善表现在两个方面：

(1) 经典物理学把时空看成绝对时空，时空与物质运动没有关系，由此导致了它只能在速度远远小于光速的情况下使用，而不能用于高速运动情况下。

(2) 经典物理学只适用于宏观运动，不能用于微观世界。

20世纪初，针对经典物理学存在的上述问题，物理学家们先后建立了两个理论，这就是相对论与量子力学。相对论把经典物理学由低速推广到了高速，量子力学则把物理学的研究领域由宏观扩展到微观。

由此可见，相对论是对经典物理学的发展，用爱因斯坦的话说，相对论是对牛顿、麦克斯韦理论的“自然延续”。既然相对论是对牛顿、麦克斯韦理论的发展，下面，我们就来考察一下，爱因斯坦是如何发展经典物理理论的。

我们知道，在经典物理学中有3个重要的规律，它们是牛顿运动定律(主要是牛顿第二定律)、牛顿万有引力定律和麦克斯韦的电磁理论。1905年，爱因斯坦建立了狭义相对论，在狭义相对论中，爱因斯坦考察了物理学最基本的概念：时间、空间、物质和运动，提出了一个与经典物理学完全不同的时空观。

在经典物理学里，时空是牛顿的绝对时空，牛顿的绝对时空是用欧几里得几何来描述的，时间间隔与空间长度都是绝对不变的，时空与物质运动也没有任何关系。在狭义相对论中，时空不再是欧几里得时空，狭义相对论的时空是用闵可夫斯基几何来描述，时间和空间都是随物质运动变化的。换句话说，狭义相对论的建立彻底改变了人们的时空观；在狭义相对论中，爱因斯坦把经典物理学的牛顿第二定

律和麦克斯韦电磁理论，由欧几里得时空推广到了闵可夫斯基时空。

狭义相对论完成后，爱因斯坦便开始研究引力问题，他最初考虑把牛顿万有引力定律也推广到狭义相对论，在闵可夫斯基时空中建立一个相对论的引力理论。然而他几经努力，也无法在狭义相对论中建立一个能够满足相对性原理的引力理论。后来，爱因斯坦不得不放弃最初的想法，转而提出了引力几何化的思想，并根据这一思想建立了广义相对论。

引力几何化是爱因斯坦建立广义相对论的基本思想，这一思想简要地说就是：万有引力不是力，引力是时空弯曲的几何效应，引力问题不能用狭义相对论来处理，狭义相对论中也没有引力理论，引力应该用广义相对论来研究，即在弯曲的黎曼时空中建立引力理论。

前面提到，爱因斯坦建立相对论时物理学还处在对称性时代，基于对称性考虑，爱因斯坦提出了相对性原理，他要求所有的物理规律都应该服从相对性原理。牛顿第二定律和麦克斯韦电磁理论都满足对称性的要求，所以，爱因斯坦很容易的把这两个理论推广到了狭义相对论。但在推广万有引力定律时，爱因斯坦发现牛顿的万有引力理论与他提出的相对性原理有矛盾。

今天，如果重新讨论万有引力理论和相对性原理之间的矛盾，我们会说出现这一矛盾有两种可能性：一种可能性是牛顿的引力理论是正确的，爱因斯坦的相对性原理有问题；另一种可能性是相对性原理是正确的，万有引力理论需要改造。

然而，在当时的历史条件下，爱因斯坦只能选择后一种可能性。于是，爱因斯坦对牛顿的万有引力理论进行了一场革命，提出了引力不是力，引力是时空弯曲的几何效应。把这就话说的更直白一点就是，爱因斯坦认为牛顿的万有引力定律不是物理规律，而是一个几何定律。既然引力规律是几何规律，于是爱因斯坦就把黎曼几何搬来，借助黎曼理论最终建立了广义相对论。

爱因斯坦的广义相对论可以用两句话来概括，一句话是，“物质告诉时空如何弯曲”；另一句话是，“时空告诉物质如何运动”。下面，我们以一个星球周围的引力场为例，对广义相对论做一简要的解释。

爱因斯坦认为，星球的存在（即物质的存在），会导致星球周围的时空发生弯曲，时空弯曲可以用时空曲率张量来表示。而物质的存在可以用能量动量张量来表示，因为，在相对论中，质量与能量是可以相互转换的。

爱因斯坦把时空曲率与能量动量两者联系起来，便得到了广义相对论的场方程：

$$R_{\mu\nu} = -k\left(T_{\mu\nu} - \frac{T}{2}\boldsymbol{g}_{\mu\nu}\right) \tag{11-1}$$

场方程的物理意义用文字表述为

时空曲率 = 能量动量

从这个方程可以看出，物质的存在，即星球的能量动量，决定了星球周围时空的弯曲程度，因此，场方程的含义如果用通俗的语言来表述就是“物质告诉时空如何弯曲”。

爱因斯坦还认为，质点在万有引力作用下的运动，例如在星球引力场中的物体下落，是弯曲时空中的自由运动，即惯性运动，质点在时空中走过的路径，是弯曲时空中的最短路径，描述这条路径的方程称为短程线方程，又叫测地线方程。根据这一思想爱因斯坦给出了广义相对论的第二个方程——测地线方程：

$$\frac{\mathrm{d}^2 x^\mu}{\mathrm{d}\tau^2}+\Gamma^\mu_{\gamma\lambda}\frac{\mathrm{d}x^\gamma}{\mathrm{d}\tau}\frac{\mathrm{d}x^\lambda}{\mathrm{d}\tau}=0 \tag{11-2}$$

测地线方程描述了弯曲时空中的质点是如何运动的，因此，这个方程的含义就是“时空告诉物质如何运动”。

在广义相对论最初建立时，爱因斯坦认为广义相对论的基本方程有两个，场方程和测地线方程。1938 年，爱因斯坦等人证明了，从场方程可以推导出测地线方程，此后，人们所说的广义相对论的基本方程指的就是场方程[50]。

11.2　广义相对论的施瓦西解

有了爱因斯坦场方程，剩下的任务就是解方程。然而，从场方程(11－1)可以看出，这个方程不容易求解。这个方程是一个关于度规 $\boldsymbol{g}_{\mu\nu}$ 的二阶微分方程，度规 $\boldsymbol{g}_{\mu\nu}$ 是对称张量，有 10 个独立分量，因此，这是一个有 10 个方程和 10 个未知变量组成的二阶微分方程组，求解起来非常困难，开始是爱因斯坦只得到静态球对称引力场的近似解。

1916 年，有人给爱因斯坦寄来一封信，信中说他找到了爱因斯坦场方程(11－1)的一个准确解，想请爱因斯坦帮忙在物理学的学术会议上代为发表，这个人就是德国天文学家施瓦西。

当时正值第一次世界大战期间，欧洲一些国家把科学家也派到前线去，当时，施瓦西正在与俄国交战的前线，他看到爱因斯坦建立的广义相对论之后，立即开始计算爱因斯坦新理论对星体能做出什么预言。

由于分析一般星球在数学上过于复杂，为了简化计算，施瓦西考虑一个没有旋转的球状星体的外部空间，在这种情况下，爱因斯坦场方程可简化为

$$R_{\mu\nu} = 0 \tag{11-3}$$

几天之后施瓦西就找到了答案，他把计算结果寄给爱因斯坦，1916 年 1 月 13 日，爱因斯坦代表他在普鲁士科学院的会议上做了报告。仅几个月后，施瓦西在战场上患病，不久就匆匆地离开了人世。6 月 19 日，爱因斯坦悲痛地向科学院报告，卡尔·施瓦西在俄国前线染病去世了，施瓦西死后，爱因斯坦还著文悼念施瓦西。

施瓦西得到的是爱因斯坦真空场方程(11-3)的一个准确解，即静态球对称星球外部的真空解，其中不为零的度规分量为

$$g_{00} = -\left(1-\frac{2GM}{rc^2}\right)$$
$$g_{11} = \left(1-\frac{2GM}{rc^2}\right)$$
$$g_{22} = r^2$$
$$g_{33} = r^2\sin^2\theta$$

用线元表示为

$$\mathrm{d}s^2 = c^2\left(1-\frac{2GM}{rc^2}\right)\mathrm{d}t^2 - \left(1-\frac{2GM}{rc^2}\right)^{-1}\mathrm{d}r^2 - r^2\mathrm{d}\theta^2 - r^2\sin^2\theta\mathrm{d}\phi^2 \tag{11-4}$$

这就是施瓦西解，这个解描述的是一个在真空中静止的、球对称的星体的外部空间的弯曲情况。

11.3 施瓦西黑洞

广义相对论是关于时间和空间的理论，在广义相对论中时间和空间统一为时空。时空不是平直的，而是被其中的物质和能量弯曲了。

在通常的情况下，例如在地球表面，时空几乎是平直的，不会出现曲率带来的差异。但在宇宙的某些地方，时空弯曲的结果是惊人的。按照广义相对论，物质决定时空如何弯曲，而光和物质的运动将由弯曲时空的曲率决定，当曲率大到一定程度时，光线就无法跑出去了。

爱因斯坦广义相对论得出的一个结果是，恒星可能在自身引力作用往下塌缩，使恒星周围空间发生弯曲，从而将恒星同宇宙其他部分裂开来，广义相对论的黑洞概念就是由此产生的。

继拉普拉斯黑洞之后，历史上推导出的第二个黑洞是施瓦西黑洞，这个黑洞就是从施瓦西解中得出来的。

从施瓦西解不难看出，当 $r=\frac{2GM}{c^2}$ 时式(11-4)的第二项趋于无穷大，这表明 $r=\frac{2GM}{c^2}$ 是施瓦西解的一个奇面，这个奇面的物理意义是黑洞的表面，即施瓦西黑洞的视界。同时，这个面还是一个无限红移面，从这个面上发出的光在远处是看不见的。

为了弄清施瓦西解中无限红移面产生的原因，下面，先回顾一下广义相对论中有关引力红移的内容。我们知道，施瓦西解还可以写为

$$ds^2=-c^2 g_{00}dt^2+\frac{dr^2}{g_{00}}-r^2d\theta^2-r^2\sin^2\theta d\phi^2=c^2d\tau^2$$

从广义相对论可知，坐标时与固有时之间满足式：

$$d\tau=\sqrt{-g_{00}}\,dt \tag{11-5}$$

现在假设有一个发射机在 x_1 处发射一个信号，信号被处在 x_2 的接收机所接收。设 t_1 是发射机的坐标，而 t_2 是接收机的坐标时，由式(11-5)可得

$$d\tau_1=\sqrt{-g_{00}(x_1)}\,dt_1$$
$$d\tau_2=\sqrt{-g_{00}(x_2)}\,dt_2$$

由于时空是稳态的，坐标时是不随参考系变换的不变量，因此 $dt_1=dt_2$，所以有

$$\frac{d\tau_1}{d\tau_2}=\frac{\sqrt{-g_{00}(x_1)}}{\sqrt{-g_{00}(x_2)}} \tag{11-6}$$

假设，在 x_1 处有一个静止的发光原子，它在 $d\tau_1$ 的时间里发出 n 个周期的光波，这些光波在 x_2 处被接收，在广义相对论中，每一个地方的物理现象都用在该点的钟和尺来度量，所以，在 x_1 和 x_2 处，光的频率分别为 $\nu_1=\frac{n}{d\tau_1}$ 和 $\nu_2=\frac{n}{d\tau_2}$。下面我们进一步假设接收机被放在无穷远处，因此 $g_{00}(x_2)$ 近似等于 1，于是由式(11-4)最终可以推导出

$$\frac{\lambda_2}{\lambda_1}=\frac{1}{\sqrt{1-\frac{2GM}{r_1c^2}}} \tag{11-7}$$

式(11-7)就是由施瓦西解给出的引力红移公式。由这个公式可以看出，从星球表面 x_1 发出的光，传播到远处 x_2 时，光谱线的频率变小，波长变长，谱线向红端移

动，这就是引力红移效应。

现在我们讨论星球奇面附近的引力红移，设 x_1 位于奇面附近，观察者位于遥远的 x_2 处。从式(11-7)可以看出，当 $r_1=2GM/c^2$ 时，式(11-7)的右边变为无穷大。这表明从 x_1 处发出的光，不管频率多高，传到 r_2 时，频率均变成了零，波长变到无穷大，因此实际上什么也看不见。所以，奇面 $r=2GM/c^2$ 又称为无限红移面。如果一个星球的半径为

$$R\leqslant r=\frac{2GM}{c^2} \tag{11-8}$$

以上讨论表明，在这个星球的外面存在一个无限红移面，因此，该星球发出的光我们是看不见的，这就是人们把满足式(11-8)的星球称为黑洞的原因。

式(11-8)给出的半径就是施瓦西黑洞的临界半径为

$$r_S=\frac{2GM}{c^2} \tag{11-9}$$

式中 r_S 表示施瓦西半径，在广义相对论里，球面 $r=r_S$ 是施瓦西黑洞的边界。一个星球如果它的半径小于施瓦西半径，即 $R\leqslant r_S$，这个星球就称为施瓦西黑洞。

11.4 施瓦西黑洞的奇怪性质

由施瓦西解可以得出黑洞很多奇妙的性质和一些令人困惑的问题，下面我们介绍其中的几个。

1) 奇点困惑

广义相对论的奇点是一个让人困惑的问题。按照施瓦西解，在临界半径 $r_S=\frac{2GM}{c^2}$ 以内，空间和时间都丧失了自己的特征，在这个半径附近，用以测量距离和时间的规则都失效了，时间趋于无限，而距离变成零。爱丁顿曾把时空几何的这种奇异性质描述为“我们无法在其中进行任何测量的魔圈”。对于魔圈问题，即施瓦西解在临界半径 $r_S=\frac{2GM}{c^2}$ 处的奇点困惑，在20世纪50年代，戴维·芬克斯坦(David Finkelstein)提出，这是由于坐标选择不当造成的。后来，一些人提出了采用坐标变换的方法来处理施瓦西奇点，例如，克鲁斯卡(Kruskal)变换。在《黑洞探疑》一书中作者指出：虽然用坐标变换的方法处理施瓦西奇点，可以消除在 $r=\frac{2GM}{c^2}$ 处的奇点，但这种方法并没有真正解决问题，虽然克鲁斯卡坐标中的度规张量在视界面上没有奇异性，即无穷大不再出现了，但时空却被分成两部分，在克鲁斯卡时空中

存在两个互不联通的宇宙。这表明坐标变换实际上没有真正解决问题，而是把困难从一种形式转化成另一种形式，即从原来的时空中出现无穷大，转化成时空被视界分成两部分。

总之，坐标变换的方法并没有真正解决施瓦西奇点问题，只是把问题从一种形式转化成另一种形式。解决奇点问题的正确方法应该是首先找出奇点产生的原因，然后设法消除奇点。

2）视界附近的矛盾现象

黑洞有一个闭合的视界，即黑洞的外边界。对于施瓦西黑洞来说，球面 $r = r_S$ 就是施瓦西黑洞的视界，其中 r_S 为施瓦西半径，$r_S = \frac{2GM}{c^2}$。视界的意思是可见区域的边界，也就是说，在视界内的任何物质包括光，都不能跑到视界外面去。而视界外面的物质可以穿过视界，进到黑洞里面来。

广义相对论认为，掉进黑洞视界内的物质都将落入奇点 $r = 0$ 处，以后落入黑洞的物质也都毫无例外地到达奇点。任何物质一旦进入视界，就再也出不去了，而且，最终都将进入奇点。对于物理学家来说，奇点的出现意味着物理理论遇到了麻烦：黑洞内的所有物质都被压缩到 $r = 0$ 处的一个奇点，在奇点处，物质密度无限大，压强无限大，时空曲率无限大。而且，在奇点处时间和空间的概念没有了，什么"过去""现在"和"将来"以及一切因果关系都失去了意义，这是物理学家无法接受的。

黑洞的另一性质是存在一个无限红移面，对于施瓦西黑洞，视界同时还是无限红移面。

根据广义相对论，时空弯曲的地方，钟走得慢，弯曲越厉害，钟走得越慢。黑洞表面处的时空，弯曲得非常厉害，致使那里的钟变得无限慢，从地球上看，黑洞表面的钟停止不动了。如果在黑洞的视界处放一个光源，此光源发出的光传到地球表面时，会出现无穷大的红移，频率会减小到零，波长变成无穷大，因此，在地球表面根本看不到这束光。如果一艘宇宙飞船靠近黑洞，静止于无穷远处的观测者，例如地球上的一个观测者，将看到：飞船越接近黑洞走得越慢，那里的时间好像凝固了。另一方面，由飞船发出的光线的红移越来越大，飞船变得越来越红，越来越暗，逐渐冻结在黑洞的表面上。但是，广义相对论得出，对于飞船上的人来说，情况并不是这样。他除了感受到潮汐力越来越大之外，感觉不到任何异常，他将在有限的时间内穿过视界，进入黑洞。

换句话说，对于飞船能否穿过视界，进入黑洞这个问题，站在地球上的观测者看到的是飞船永远也不能穿过视界。而在飞船上的观测者看到的却是飞船很快就穿过了视界，进入到黑洞内部。对于同一个物理现象，两个不同的观测者，给出两个完全不同的结果。这是黑洞理论得出的又一个奇怪的结果。

3）让人困惑的“时空坐标互换”

广义相对论的研究表明，黑洞内部有一个特点，就是“时空坐标互换”。在施瓦西黑洞外部，r 是空间坐标，t 是时间坐标。但在黑洞内部，t 变成了空间坐标，r 成了时间坐标。从外部看，黑洞是一个半径为 r 的球体，但在黑洞内部，r 不再是空间坐标，等 r 面不再是球面，而成了等时面。这就是黑洞内部的“时空坐标互换”。这些年来，笔者之所以怀疑黑洞理论，其中的一个原因就是实在无法理解“时空坐标变换”这个“高深的理论”。试想一下，如果有一块砖头，它的长、宽、高三个方向分别是 x、y、z，现在让这块砖头掉入黑洞，假设砖头下落时其 x 方向始终保持与 r 方向重合，当砖头进入黑洞后，时空坐标发生互换，x 坐标将变成时间 t。让人想不明白的是，如果一块砖头的长度方向变成了时间 t，这块砖头会变成什么呢?

总之，由于黑洞具有许多奇怪的性质，而且由黑洞还可以导出令人困惑的问题，因此，施瓦西解一出现，围绕着“施瓦西黑洞（奇点）在真实的物理时空中是否存在”这一问题，物理学家出现了分歧。

第 12 章　围绕黑洞是否存在，物理学家出现了分歧

虽然施瓦西黑洞出自爱因斯坦的广义相对论，但是他并不接受这一结果，爱因斯坦认为在真实的物理实体中不会出现施瓦西奇点。然而，另一些物理学家，例如，奥本海默却认为黑洞可以存在。本章我们先介绍奥本海默的黑洞预言，然后介绍爱因斯坦的观点[51～58]。

12.1　太阳的年龄与恒星能量产生的机理

恒星理论的发展与太阳的年龄问题密切相关。关于太阳曾有一种被广泛接受的理论，太阳是由于化学燃烧才发光的，按照这个理论，太阳将在大约一万年的时间内耗尽它的全部质量。在 19 世纪，上述结果受到两个理论的挑战。

其一，来自地质学家的挑战。18 世纪，赫顿(James Hutton)等地质学家认为，高山和丘陵都是在非常非常长的时间里，经过风和水的侵蚀作用而形成的。

其二，来自达尔文理论的挑战。1859 年达尔文出版了《物种起源》一书，书中提出自然选择的物种进化已经持续了非常久远的时间，达尔文据此估计地球的年龄为三亿年，这个数值远远超出了按照化学燃烧理论给出的太阳年龄。

为了解决太阳年龄与其他理论相矛盾这一问题，英国物理学家汤姆孙，即后来的开尔文勋爵提出了太阳形成的引力塌缩理论，这个理论认为，随着引力塌缩，引力势能逐渐转化成热能并辐射出去，根据这一理论计算的太阳年龄大大地延长了，汤姆孙估计太阳的年龄为 2 000 万年左右，但是，这个数值仍然小于达尔文理论给出的太阳年龄。

爱因斯坦相对论建立后，太阳的年龄问题的研究有了新的进展。英国物理学家爱丁顿是最早将爱因斯坦相对论应用于天体物理问题的科学家之一。他注意到一个氦核的质量比 4 个氢核的质量略小，如果引力塌缩足以将氢聚合成氦，那么，根据爱因斯坦的质量-能量转化关系，每秒钟只需要消耗 4×10^{9} kg 的质量，就可以获得 4×10^{26} W 的能量，这个数值等于太阳每秒钟所释放的全部能量。爱丁顿计算

了如果整个太阳都以这种方式消耗的话，太阳的年龄可以达到 10^{13} 年，即一万亿年，这个数值大大超出了其他理论给出的太阳年龄。于是，爱丁顿把开尔文的引力塌缩理论、爱因斯坦的相对论以及核物理学理论结合起来，研究恒星的形成机理。然而，有一个问题爱丁顿无法解决，要使两个氢核聚合，它们必须靠得足够近，使相互吸引的核力强到可以克服静电的斥力，爱丁顿用开尔文的引力塌缩模型估算太阳中心的温度，他发现尽管温度很高，但仍不足以触发核聚变反应。

这时一个新的理论——量子力学问世了，在经典物理学中，粒子在运动路径上的每一点都有确定的位置和动量，而量子力学的不确定原理指出，这些量是不确定的。根据不确定性原理，量子力学中会出现“隧道效应”，粒子可以通过隧道穿透库仑静电势垒，这意味着聚合质子的聚变反应可以在太阳的核心处发生，这个结果是在 1928 年伽莫夫等人得到的，虽然这个结果还不能解释氢是如何转变成氦，并给太阳提供能量的，但这毕竟是一个重要的进步。

1936 年贝特提出一个理论，这个理论成功地解释了太阳中氦以及能量生成的机理问题，贝特也“因为对核反应理论的贡献，尤其是关于恒星中能量产生机理的发现”，30 多年后，荣获了 1967 年度的诺贝尔物理学奖。

今天，有关恒星演化的理论就是在开尔文、爱丁顿、伽莫夫和贝特等人的工作基础上发展起来的。这个理论认为，恒星是从一团尘埃和气体中产生的。这团尘埃和气体转动得很慢，在自身的引力作用下，慢慢地聚集在一起。云团凝集时，它中心的温度和压力越来越高，直到最后压碎了中心部分的原子，开始了核聚变，恒星就是在这种核燃烧中产生的。

恒星的质量都是很大的，在恒星强大的引力场中，恒星中的物质被巨大的引力拉向中心，整个恒星要收缩，那么，是什么力抵抗着恒星引力收缩并维持恒星物质的力学平衡呢？通常，恒星靠着不断发生的核聚变(像氢弹爆炸一样)产生的强大的辐射压，即斥力与引力相平衡。对处于稳定态的恒星来说，使它塌缩的引力必定与核聚变产生的内部辐射压力相平衡。这种辐射压力将随恒星质量的增加而增加。如果星的质量低于太阳质量的百分之八，其中心温度太低，不能维持核聚变，因而不能形成恒星，这样的星永远也燃烧不起来。例如，木星太轻，大约只有太阳质量的百分之二，所以木星不会成为恒星。若星的质量超过太阳质量的 120 倍，则辐射压力太大，会使超出的部分爆炸离去，所以恒星的质量范围在 0.08～120 倍太阳质量之间。

通常恒星最初只含氢元素，恒星内部的氢原子时刻都在相互碰撞，发生裂变和聚变，恒星的质量很大，裂变与聚变产生的能量，与恒星的万有引力相抗衡，使恒星保持稳定。由于裂变与聚变，氢原子内部结构最终会发生改变，并组成新的元素——氦元素。接着氦原子也参与裂变和聚变，改变自身的结构，生成新的锂元素。以此类推,按照元素周期表的顺序,会依次生成铍元素、硼元素、碳元素、氮元素等,最后生成铁元素。由于铁元素相当稳定,不能参与裂变与聚变,随着时间的推移,恒星中的核燃料会逐渐减少,终会消耗殆尽,那时恒星没有能量抵抗引力,恒星将失去力学平衡,在引力的作用下形成引力塌缩。根据目前的引力塌缩理论,恒星演化的最终归宿有 3 种情况,下面我们分别予以介绍。

12.2　恒星演化的归宿之一:白矮星

目前的理论研究认为,白矮星是恒星演化的几种归宿之一:当恒星经过红巨星阶段发生大量质量损失后,剩下的质量若小于 1.4 个太阳质量,这颗恒星便穿过主星序而演化成白矮星。

人们认识的第一颗白矮星是天狼星的伴星,天狼星是中国人起的名字,它的希腊名字是大犬座 α 星,是除太阳外,用肉眼看来最亮的一颗恒星。1834 年,人们发现距我们 9 光年的天狼星在天空的位置有周期性的变化,推测它可能有一颗不小的伴星,天狼星位置的周期性变化,是由天狼星与其伴星绕着它们的重心旋转的结果,28 年后,人们终于找到了这颗伴星。

1862 年,一个名叫克拉克的美国望远镜制造商发现了天狼星的伴星。美国内战前夕,克拉克接受了密西西比大学的订单,制造一个望远镜镜头。镜头完工后,由于战争,克拉克没法把它运出去,于是克拉克决定再对镜头进行一次测试。他把镜头对准天空,想看看镜头的效果到底怎么样。在测试的过程中,当他把镜头对准天狼星的时候,他注意到天狼星附近有一个微小的光点,但所有的星象图都从来没有记录有那么一颗恒星。

克拉克最初以为是他的镜头不完善,致使天狼星的一部分光被折射进来了。但是,他接着做的测试表明镜头一点毛病也没有。不管他想什么办法,都没法使那个小光点消失,也没法改变它的位置,克拉克断定这是一颗恒星。

克拉克发现的这颗恒星,它的位置正好处于当时人们认为是天狼星伴星的地方,于是人们得出结论,克拉克所看到的就是天狼星的伴星。现在,人们把它叫作天狼星 B,而天狼星本身称为天狼星 A,天狼星是一个双星系统。

1893 年,德国物理学家维恩发现,炽热物体所发的光的性质将根据它的温度而变化,通过研究光谱里光的波长及黑线的位置,我们就能够确定发光体的温度。利用维恩定律便可研究天狼星的伴星。

1915 年,美国天文学家亚当斯,让天狼星的光线通过一台分光镜,形成一个他可以研究的光谱。亚当斯发现,天狼星的温度比太阳的温度还高很多。天狼星 A 的表面温度为 10 000℃,天狼星 B 有 20 000℃,而太阳表面的温度只有 6 000℃。

让人们感到神秘的是天狼星 B，在它表面的温度下，每一点上发出的光不应小于天狼星 A 上同面积的光，要解释天狼星 B 为什么比天狼星 A 暗的多，结论只能是它的表面积比较小，而且小得多。亚当斯据此得出天狼星 B 的表面积只有天狼星 A 表面积的 1/2 800。

利用表面积可以推算出，天狼星 B 的直径只有天狼星 A 的直径的 1/53，即 47 000 km，也就是说，天狼星 B 只有行星那么大。亚当斯的发现说明天狼星 B 属于一类全新的恒星，它的质量与太阳差不多，但体积只有行星那么大，表面温度却很高，达到 20 000℃。由于这颗星的体积小、温度高，所发出的光又白又小，人们很难发现它，所以称其为白矮星。

当时，白矮星最让人不可思议的是，它的密度大得惊人，达到 2.5 t/cm^3，这是地球上的物质远远比不上的。为什么白矮星的密度如此之大，原因是白矮星是由超固态（原子态）的物质组成，那么，什么是超固态物质呢?

我们知道，通常状态下的物质，例如一块铁板，从宏观上看它是致密的、无空隙的。但用微观的尺度观测，其中绝大部分空间都是空的，因为原子与原子之间的距离很大。随着恒星的演化，在引力作用下收缩，使恒星物质中的原子一个挨着一个，原子间在也没有空隙了，这种物质状态就是超固态，或称原子态，由超固态物质组成的恒星就是白矮星，因此，白矮星不只是一颗恒星，而是一类恒星。目前估计银河系中的白矮星数量大约有 100 亿颗。密度一般在 0.1～100 t/cm^3。

白矮星由简并电子气产生的简并压抵抗引力，维持力学平衡，最早认识这一问题的是英国物理学家狄拉克。在量子力学中有一个著名原理，泡利不相容原理，按照这一原理，不可能有两个电子处于同一量子状态，所以，每个电子并不能都处于最低能级。在绝对零度时，电子应该充满从零能级到最高能级之间的所有量子状态，这样的电子气体称为完全简并的电子气体。

量子力学还有一个原理，即不确定性原理或叫作测不准原理。根据这个原理，粒子的位置和动量不可能同时具有确定的值。当电子处于某个量子状态时，它的位置的变化范围越小，动量的变化范围就越大。对于白矮星来说，物质状态处于超固态，根据泡利不相容原理，不可能把所有的电子都挤压在相同的量子状态中，但是，由于密度很大，每个电子位置的变化范围很小，按照不确定性原理，它的平均动量就很大。于是，简并电子气体产生的压强就很大，这种压强称为简并压。

白矮星靠着简并电子气体产生的简并压（斥力）与引力维持力学平衡，根据量子理论可以算出，简并压强只决定于电子密度。因此，当白矮星以光的形式辐射能量时，它的内部冷却，但动力学平衡仍然保持，半径也不发生改变，只是逐渐变暗。

白矮星有一个质量上限，不存在超过这个上限的白矮星。这个结果是由印度物理学家钱德拉塞卡最先提出来的。

1930 年，在一艘从印度开往英国的轮船上，年轻的钱德拉塞卡正在忙于计算。大学毕业后他打算去英国投奔著名的爱丁顿教授，攻读天体物理学，此时他正在研究白矮星的结构。他把相对论、量子理论和统计物理结合起来考虑，他认为，简并电子气体产生的斥力（简并压）有一个限度。这种斥力可以抵挡住质量小于 1.4 个太阳质量的恒星的引力，但是，抵挡不住质量更大的恒星的引力。如果恒星的质量超过 1.4 倍的太阳质量，恒星将进一步塌缩下去。因此，他得出 1.4 倍的太阳质量是一个界限，不存在大于这个质量的白矮星。

当轮船到岸时，钱德拉塞卡已经得出了这个重要结果，他非常兴奋地把自己的研究结果，作为见面礼向爱丁顿教授做了介绍。他满以为会得到赞赏，然而，爱丁顿听完他的讲述后，认为他的结果不对，以后钱德拉塞卡多次向爱丁顿陈述自己的观点，均被爱丁顿否定。甚至，在一次学术会议上，爱丁顿说他一派胡言，使钱德拉塞卡当众出丑，钱德拉塞卡只好去了美国。

后来钱德拉塞卡的理论终于得到了承认，1983 年，由于他在白矮星和其他方面的杰出贡献获得了诺贝尔物理奖。24 岁时的研究成果，73 岁时才获奖。钱德拉塞卡的故事说明，在科学上提出一个与权威学者的观点相冲突的理论，这个理论从提出到被人们所接受，需要经过一段多么漫长而痛苦的过程啊！

12.3　恒星引力塌缩的归宿之二：中子星

我们已经发现的恒星的质量有的相当于太阳质量的 70 倍，这样的恒星毁灭时，会发生一种从来没有见过的爆裂。恒星在毁灭时必须摆脱自身质量的百分之九十以上，才能使剩下的质量小于太阳质量的 1.4 倍，从而平安地塌缩成白矮星。

这种情况如果不发生，那又会怎样呢？超新星爆发后，如果恒星剩下部分的质量大于太阳质量的 1.4 倍，根据钱德拉塞卡的理论，质量超过白矮星质量上限（$1.4M_S < M$）的恒星，在演化的晚期不可能停留在白矮星阶段，简并电子气产生的斥力抵抗不住强度的引力，它会继续收缩。

处于超固态的物质，其原子已经一个挨着一个了，再压缩原子就被压碎，原子核外的电子与核内的质子结合形成中子，并产生中微子从恒星中逃逸出去。由于电子与质子结合了，电子气产生的简并压消失了，引力相对地变得非常强大，使恒星迅速收缩。在电子被俘获的几秒钟内，恒星物质处在自由落体的挤压中，密度迅速增大，形成中子态物质。中子态物质由简并中子气组成，中子也像电子一样遵守泡利不相容原理，因此，也存在简并压，这一压强比简并电子气的压强大得多，可以抵挡引力而维持力学平衡，这样的恒星就是中子星。中子星的密度极大，它的密度是白矮星密度的 100 万倍，水的 1 000 万亿倍，每立方厘米的中子星重达 10 亿吨。

早在1932年，中子发现后，苏联物理学家朗道考虑到中子与电子一样服从泡利不相容原理，简并中子气也应该可以构成稳定的恒星，因此，他猜测有相应种类的恒星存在，这是关于中子星存在的最早的预言。1934年，美国天文学家巴德和茨维基指出，大质量的恒星经过超新星爆发后演化为中子星，他们首次把中子星和恒星的演化联系起来。

1939年，美国物理学家奥本海默应用广义相对论，对中子星结构进行了详细的推导和计算，给中子星的预言提供了坚实的理论基础，同时，他还给出了中子星的质量范围，质量 M 满足 $1.4M_S < M < 3.2M_S$ 的恒星将演化成中子星。

虽然，关于中子星的预言早在20世纪30年代就已经提出了，但是，当时的人们对白矮星的密度已经感到大得难以置信，对中子星更是没人敢相信，致使在中子星的预言提出之后的30年间，几乎没有人对中子星感兴趣，于是，中子星逐渐被人们遗忘了。

然而，1967年，天文观测发现了中子星，证实了30年前朗道、奥本海默等人关于中子星的预言。

早在1911年，美籍奥地利物理学家海斯证明，地球上有来自太空的某些能量的辐射形式，这些辐射形式就叫作宇宙线。1931年，美国无线电工程师央斯基又发现了来自太空的微波。微波是像光那样不带电的辐射，因此，它不受磁场的干扰。

微波和光相比，它的波长是光的100万倍左右，所以微波的能量比较小，要发现它也比较困难。再者，在其他方面相等的情况下，波长越长，波源的测定精度就越低，因此，计算微波发源处就比计算光源困难多了，由于这个原因，在相当长的一段时间里，微波研究进展甚少。

然而，到了20世纪60年代，天文学家开始了微波的研究，射电天文学也迅速地发展起来，天文学家学会了运用复杂的观察装置——射电望远镜，这样他们可以非常精确地确定微波的来源，并详细地推算出微波的性质。射电天文学家发现，有些微波源的强度有相当快的变化，看起来就像在闪烁似的，于是，他们设计一种射电望远镜，专门用来捕捉这种快速变化的射电源，其中有一架是英国的休伊什教授在剑桥大学天文台设计的，它有2 048个独立的接收装置，分布在18 000 m^2 的面积上。

1967年7月，休伊什设计的望远镜开始工作，还不到一个月，一个名叫贝尔的女研究生就接收到太空某处爆发的微波，而且爆发的速度非常的快，每次微波爆发只持续1/20 s，而且爆发有显著的规律性，每隔1.337 301 09 s爆发一次。她把这件事向休伊什做了报告。

问题是这种现象说明了什么？由于天空中的微波源似乎只是一个点，休伊什认为它可能代表某种恒星，又因为微波是以短促的脉冲出现的，休伊什将它称为脉冲恒星，后来这个词被缩短成脉冲星。

休伊什重新检验了他以前所做的长长的观察记录，想找出其他的脉冲星，结果他又发现了 3 个。然后，他于 1968 年 2 月，向全世界宣布了他的发现，其他天文学家也开始搜索起来，很快又发现了更多的脉冲星。到了 1975 年，人们估计在我们的银河系，脉冲星的数量可能超过 100 000 个。

所有的脉冲星都有一个共同的特点，那就是它的脉冲极有规律，造成这种现象的原因是什么呢？理论物理学家忙了起来，天文学家戈尔德提出一个假说，认为脉冲星就是奥本海默早在 30 年代预言的中子星。

那么，中子星为什么会发出脉冲信号呢？这是因为在恒星的收缩过程中，体积缩小而角动量守恒，所以，自转速度增大。其次，随着恒星的收缩，恒星的磁场也随之增强。我们知道，电子在磁场中要受到洛伦兹力的作用，在洛伦兹力的作用下，电子将沿螺旋线运动，磁场越强，螺旋线的螺距越大。在中子星强大的磁场作用下，电子的螺旋轨道已接近直线（螺距很大）。电磁理论表明，电子沿螺旋线运动时要发出同步电磁辐射。这样，在中子星磁场最强的两极处，会形成一束很细的射线束。由于中子星的磁轴与转动轴不重合，所以，中子星自转时，上述射线束绕着自转轴旋转，好像探照灯灯光一样，每自转一周它就扫过一圈，于是，人们接收到与中子星自转周期相同的脉冲信号。

戈尔德进一步指出，如果他的理论正确的话，那么中子星的能量会在它的两个磁极上漏出去，而它的自转速度将慢下来。这就是说，脉冲周期越短，中子星越年轻。蟹状星云脉冲星是已知脉冲星里周期最短、脉冲能量最大的一个。人们仔细研究了蟹状星云的自转周期，发现正像戈尔德所预言的那样，这个脉冲星真是在慢下来，它的周期每天延长 $36.48/10^9$ s。在另外一些脉冲星上也发现了同样的现象。天文学家研究了脉冲变慢的现象之后，终于确认脉冲星就是中子星了。

12.4　奥本海默的黑洞预言

1939 年，奥本海默和他的研究生哈特兰・斯奈德进行一次思想实验，这是许多相对论研究者所喜欢的爱因斯坦式的思维方式，他们思考，如果一个巨大的星球燃尽其核燃料而塌陷，最终会发生什么？

当时，人们已经知道，一个重量小于钱德拉斯卡临界质量的星球，比如说太阳，会压缩成体积像地球那么大的白矮星。稍重一点的星球，会进一步塌陷，最终变成一颗中子星。然而，对于质量超过中子星临界质量的恒星，简并中子气体产生的简并压无法抵抗强大的引力，恒星不会在中子星阶段维持力学平衡，它将继续收缩。

这类大质量恒星演化的归宿将是一类极其特殊的天体——暗星，也就是今天人们所说的黑洞。

奥本海默预言，塌缩是没有止境的，中子星的物质如果继续收缩，引力会变得越来越强，天体的半径越来越小，最终会小于施瓦西半径，设星球的半径为R，质量为M，它们都满足如下公式：

$$R < \frac{2GM}{c^2} \tag{12-1}$$

人们之所以称它们为黑洞，因为，根据广义相对论的施瓦西解，满足上述条件的天体就是施瓦西黑洞。

由此可见，奥本海默的预言是建立在广义相对论的施瓦西解是正确的这一前提下的。因此，奥本海默的预言是否存正确，最后还要归结到施瓦西解是否正确，这一点需要引起我们的注意。

12.5 虽然施瓦西黑洞出自广义相对论，但爱因斯坦却拒绝接受这个结果

虽然黑洞是广义相对论的一个预言，但是，当时的一些著名物理学家，包括爱因斯坦和爱丁顿，都拒绝接受这一结果。爱丁顿认为，黑洞这个奇怪的东西，肯定不会存在于真实的宇宙中，物理学的规律一定会以某种方式阻止黑洞的存在。

1939 年，也就是奥本海默提出黑洞猜想的那一年，爱因斯坦写了一篇文章，论述了施瓦西黑洞在物理时空中不可能存在[44]。

在这篇文章里，爱因斯坦首先利用狭义相对论的一个规律——任何物体的速度不能超过光速，解释了施瓦西黑洞不能存在的原因，不过那时还没有“黑洞”这个名词，爱因斯坦在文章中使用的名词是“施瓦西奇点”。

爱因斯坦研究了由许多粒子产生的场，这一研究的目的是探讨，粒子系中的粒子能否向中心集中得如此密集，以致整个场显示为一个施瓦西奇点。

作为例子爱因斯坦解释了为什么黑洞不能存在。他计算了一个想象的可以用来制造黑洞的一类理想物体。那是一个靠引力相互吸引从而聚集在一起的粒子集合，集合中的每个粒子在该粒子系所产生的场的作用下，沿着圆形轨道运动，如果假定圆轨道的轴的方向是任意的，那么整个粒子系将是球面对称的。

爱因斯坦想象，让集合越来越小，他的计算表明，集合越紧密，球面的引力越强，在球面上运动的粒子为了不至于被引力拉进去，一定会运动得更快。爱因斯坦证明，如果集合小于 1.5 倍临界半径(原文中为周长)，引力将非常强大，为避免被

吸进去，粒子不得不比光还跑得快。因为，没有东西比光运动还快，所以，粒子集合不可能比 1.5 倍临界值还小。于是，爱因斯坦写道：“至于为什么‘施瓦西奇点’不存在于物理学的实体中，这个考察的基本结果说得很清楚了。”[81]

由此可见，爱因斯坦认为，施瓦西黑洞如果存在，必然与已有的物理规律相矛盾，这个规律就是狭义相对论中任何物体的速度不能超过光速。

另外，爱因斯坦还研究了一个理想星体的内部结构，组成理想星体的物质密度在整个星体内部是常数。这样的星体靠它内部气体的压力而避免塌缩。爱因斯坦的研究表明，如果让星体越来越紧密，为了抵挡内部引力强度的增大，星体内部的压力也会越来越高，当星体被压缩到接近于施瓦西黑洞时，星体中心的压力成为无穷大。因为真实气体不可能产生无穷大的压力，所以，爱因斯坦认为这样的星体是不存在的。

因此，爱因斯坦拒绝接受黑洞的第二个理由是物理学的理论中不应该出现无穷大的奇点。施瓦西黑洞如果存在，黑洞中心的压力和密度成为无穷大，爱因斯坦认为，无穷大的压力和密度这类现象在真实的物理实体中是不会出现的。这就是爱因斯坦拒绝接受黑洞的另一个理由。

虽然，用今天的眼光看，爱因斯坦的论述并不完美，然而这篇文章中却包含几个重要思想，例如，施瓦西黑洞如果存在，必然与已有的物理规律相矛盾，以及物理学的理论中不应该出现无穷大的结果等，爱因斯坦的这些观点对我们今天研究黑洞仍然有重要的参考价值。

第13章　在黑洞研究中一个被忽视的问题

回顾黑洞研究的历史，我们发现在以往的研究中人们忽视了一些问题。1916年，施瓦西推导出了施瓦西黑洞，这一事件标志着黑洞研究进入了第二阶段，即用广义相对论研究黑洞问题的开始，然而在这一阶段，遗留一些问题没有解决，这些问题处理得不好，为后来的黑洞研究埋下了隐患，导致了在黑洞研究的第三阶段，人们走上了一个错误的方向。在以下几章，我们讨论几个在黑洞研究中被人们忽视的问题，本章讨论其中的一个，即黑洞的定义问题。

13.1　广义相对论的黑洞定义存在的问题

今天人们一提起黑洞，许多人都感到黑洞问题十分高深，而且还很神秘，为什么会有这样的感觉呢？作者发现，造成这一情况出现的原因是在广义相对论中，人们没有对黑洞进行科学的定义。

在物理学中引入一个新的概念，通常都是建立在已有概念的基础上，即用“旧”的概念来定义“新”的概念，而且，“旧”的概念往往满足两个条件。

(1)“旧”的概念一般都是人们所熟知的概念。

(2)“旧”概念是一个已被确认的概念，即这个概念在物理上已被证实是一个确实存在的东西。

在广义相对论中，黑洞是用“视界”进行定义的，所谓“视界”是一个二维光滑的闭曲面，它把空间分成两部分：视界内和视界外。视界外面的物质和信息（如光信号等）可以进入视界内，而视界内部的物质和信息却不能穿过视界，到视界外面去。

有了视界这个概念，就可以定义广义相对论的黑洞了，例如，钱德拉塞卡就是用视界来定义黑洞的，钱德拉塞卡给出的黑洞定义为：黑洞将三维空间分成两个区域，一个是以称之为视界的二维光滑曲面为边界的内区域；一个是视界以外渐进平直的外区域，而且内区域的点不能与外区域的点交换信息[59]。

把上面这段话说得简单点就是：一个星球，如果它被“视界”所包围，这个星球就称为黑洞。由此可见，钱德拉塞卡的黑洞的定义不满足前面提到的两个条件。

首先，这个定义不是建立在已有概念的基础上。在引入“黑洞”概念之前，物理学中并没有“视界”这一概念，“视界”和“黑洞”这两个概念是同时被引入到物理学中。换句话说，人们是用一个新的概念——“视界”，来定义另外一个新的概念——“黑洞”。

其次，“视界”这个概念在物理学中也没有被证实，没有任何实验可以证明宇宙中存在“视界”。正是由于广义相对论的黑洞定义违反了物理学的常规做法，从而给黑洞研究埋下了隐患，使黑洞问题变得十分神秘。

人们在“视界”是不是存在这个问题都没有弄清楚的情况下，就从“视界”这一概念出发定义了黑洞，然后又在这个定义的基础上，用数学方法演绎出黑洞的许多性质，用这些性质又推导出在“视界”附近的许多奇奇怪怪的现象。广义相对论有关黑洞方面的许多工作，实际上就是在“视界”与“黑洞”这两个概念之间，不断地进行逻辑循环。

笔者认为，这就是今天人们感到黑洞问题十分神秘的主要原因。因此，若想解决黑洞困惑，我们必须重新研究黑洞的定义。

13.2　黑洞的两个定义可以合并成一个

到目前为止，我们已经讨论了两个黑洞：拉普拉斯黑洞和施瓦西黑洞。前面我们给出了拉普拉斯黑洞的定义，现在，把它写的更简练些，于是有

定义 13-1： 一个星球，如果其逃逸速度大于或等于光速，这个星球就称为黑洞。

广义相对论的黑洞定义可以写成：

定义 13-2： 一个星球，如果它被“视界”所包围，这个星球就称为黑洞。

表面上看，这两个黑洞定义没有任何联系，如果进行深入分析，便会发现这两个定义实际上是一致的。由逻辑学可知，从一个命题可以引申出四个命题，即正命题、逆命题、否命题和逆否命题；其中正命题和逆否命题是彼此等价的，而逆命题和否命题也存在等价关系。

利用正命题和逆否命题彼此等价的特点，我们把上面两个定义都换成与其等价的逆否命题，于是，便得出下面两个定义。

定义 13-3： 一个星球，如果其逃逸速度小于光速，那么，这个星球就一定不是黑洞。

定义 13-4： 一个星球，如果在它的外面不存在“视界”将其包围起来，那么，这个星球一定不是黑洞。

显然，定义 13－1 和 13－3 是等价的，两者均可以作为拉普拉斯黑洞的定义；而定义 13－2 和定义 13－4 也是等价的，它们都可作为施瓦西黑洞的定义。

把黑洞定义换成与其等价的逆否命题之后，我们便不难发现，定义 13－3 实际上包含了定义 13－4。因为，由定义 13－3 可知，如果一个星球不是黑洞，即它的逃逸速度小于光速，这表明我们可以用小于光的速度，把一个物体从星球表面发射到无穷远处，由此可见，在这个星球外面一定不存在“视界”，否则物体就不能跑到无穷远处了。所以，根据定义 13－4，这个星球一定不是施瓦西黑洞。这说明，在拉普拉斯黑洞的定义中已经包含了施瓦西黑洞。因此，我们可以把黑洞的两个定义合并成一个定义，即在黑洞研究中，我们只需采用拉普拉斯的黑洞定义就可以了。

采用拉普拉斯黑洞定义的优点在于，它是用逃逸速度来定义黑洞，而逃逸速度是一个在物理学上已被确认的概念，任意一个星球都有一个逃逸速度。因此，用逃逸速度来定义黑洞，就可以揭去蒙在黑洞上面的一层神秘面纱——“视界”，使我们比较容易认清黑洞的本质。

第 14 章　黑洞不存在的第一个理由

澄清了有关黑洞的定义问题，下面我们就可以论证为什么宇宙中没有黑洞了。

14.1　黑洞研究中另一个被忽视的问题

前面我们对拉普拉斯黑洞和施瓦西黑洞进行了讨论，拉普拉斯黑洞的判定条件是：一个星球，如果它的半径 R 小于或等于拉普拉斯半径，即

$$R \leqslant r_{\mathrm{L}} = \frac{2GM}{c^2}$$

这个星球就是拉普拉斯黑洞。

而施瓦西黑洞的判定条件是：一个星球，如果它的半径 R 小于或等于施瓦西半径，即

$$R \leqslant r_{\mathrm{S}} = \frac{2GM}{c^2}$$

这个星球就是施瓦西黑洞。

对比上面两个公式不难发现，拉普拉斯黑洞的判定条件与施瓦西黑洞的判定条件完全相同，即拉普拉斯半径和施瓦西半径相等 $r_{\mathrm{S}} = r_{\mathrm{L}}$，这表明施瓦西黑洞和拉普拉斯黑洞完全重合。

由此引出一个问题：对于静态球对称的黑洞，我们可以用两种方法推导出来，一种是牛顿力学的方法，另一种是广义相对论的方法，而且人们已经知道牛顿力学的方法是错误的，在这种情况下，人们不禁会问：为什么广义相对论的施瓦西黑洞与牛顿力学的拉普拉斯黑洞完全相同呢？

从理论上讲，相对论的结果与牛顿力学的结果，两者应该是不相同的。这是因为在牛顿力学里质量是一常数 m_0，而相对论中的质量是随速度变化的，两者在任何时候都不会相等，即

$$m_0 \neq \frac{m_0}{\sqrt{1-\frac{u^2}{c^2}}}$$

因此,相对论的结果与牛顿力学的结果,在任何时候都不应该相等,即使在弱引力情况下(即低速情况下),相对论的结果与牛顿力学的结果也仅是数值上非常接近,其解析公式应该是不同的。但是,现在我们看到是在黑洞问题上,广义相对论的黑洞竟然与牛顿力学的结果,在解析公式上完全相同。这就不能不让人怀疑,广义相对论推导出的黑洞是准确的相对论的结果吗?

今天我们重新考察黑洞的历史,非常遗憾地发现,在黑洞研究中,人们忽视了这一问题,没有人研究为什么广义相对论的施瓦西黑洞会与牛顿力学的拉普拉斯黑洞完全相同,甚至直到今天,在许多广义相对论的书中还把两者的相同看作是一种巧合。

为什么施瓦西黑洞与拉普拉斯黑洞完全重合,对于这个问题,一些相对论物理学家们并没有进行深入的研究,他们想当然地认为:施瓦西黑洞与拉普拉斯黑洞完全相同只是一种巧合,他们对这个问题的解释是:今天从广义相对论得出的黑洞条件,与当年拉普拉斯等人从牛顿理论给出的暗星条件完全相同。从今天的眼光看,拉普拉斯的推导犯了两个错误,第一把光子的动能 mc^2 写成了 $\frac{1}{2}mc^2$,第二把广义相对论的时空弯曲当作了万有引力。这两个错误相互抵消,最终恰好得到了正确的结果[60—62]。

对于上述解释,笔者认为并不成立:如果真的是"两个错误相互抵消,最终得到了正确的结果",应该把两个错误相互抵消的过程用数学的方法清楚地表述出来,这样才有说服力。如果不能把这一巧合的过程表述出来,那么,这样的解释就很难让人信服。

14.2 广义相对论的公式中隐含着牛顿力学的东西

从理论上讲,相对论的结果与牛顿力学的结果,两者是不应该完全重合的。但是,现在我们看到的却是广义相对论的结果与牛顿力学的结果完全相同,例如:用牛顿力学研究黑洞,可以推导出拉普拉斯黑洞,用广义相对论研究黑洞,可以推导出施瓦西黑洞,而且拉普拉斯黑洞与施瓦西黑洞的解析公式完全相同。再比如,在宇宙学里,用爱因斯坦场方程可以推导出弗里德曼方程,1934 年,英国物理学家米恩和麦克雷用牛顿力学的方法推导出一个与弗里德曼方程完全相同的宇宙方程。

上面两个例子说明,在黑洞和宇宙学这两个广义相对论最主要的应用领域,广义相对论的结果都与牛顿力学的结果完全重合。为什么会出现这种现象呢？笔者曾用多年的时间，对此进行研究，从而发现广义相对论的公式不是准确的相对论的公式，其中隐藏着牛顿力学的东西。

具体地说，广义相对论的公式可以分解成两部分：一部分属于相对论；另一部分属于牛顿力学。例如，广义相对论的施瓦西解为

$$ds^2 = c^2\left(1-\frac{2GM}{rc^2}\right)dt^2 - \left(1-\frac{2GM}{rc^2}\right)^{-1}dr^2 - r^2 d\theta^2 - r^2\sin^2\theta d\phi^2 \quad (14-1)$$

我们可以证明(见《相对论探疑》一书的 16.4 节)，施瓦西解可以分解成下面两个公式：

$$ds^2 = c^2(1-\beta^2)dt^2 - \frac{1}{1-\beta^2}dr^2 - r^2 d\theta^2 - r^2\sin^2\theta d\phi^2 \quad (14-2)$$

$$\beta = \frac{u}{c} = \sqrt{\frac{2GM}{rc^2}} \quad (14-3)$$

其中，式(14-2)是一个相对论的公式，利用等效原理可以推导出这个公式；而式(14-3)则是牛顿力学的速度公式。把式(14-3)代入式(14-2)便可得到施瓦西解(14-1)。

再比如，广义相对论的引力红移公式为

$$\frac{\lambda_2}{\lambda_1} = \frac{1}{\sqrt{1-\frac{2GM}{r_1c^2}}} \quad (14-4)$$

这个公式也可以分解成两个公式：

$$\frac{\lambda_2}{\lambda_1} = \frac{1}{\sqrt{-g_{00}(x_1)}} \quad (14-5)$$

$$g_{00} = -\left(1+\frac{2\varphi}{c^2}\right) \quad (14-6)$$

其中，式(14-5)是一个相对论的公式，而式(14-6)叫作牛顿极限公式，它也是用牛顿力学推导出来的，式中包含了牛顿力学的势函数 φ。如果我们把牛顿力学的公式

$$\varphi = -\frac{GM}{r} \quad (14-7)$$

代入式(14-6)，然后将所得结果代入式(14-5)，便可得到引力红移公式(14-4)。

为什么广义相对论的黑洞与牛顿力学的黑洞完全重合，为什么广义相对论的

公式中隐含着牛顿力学的公式?

问题就出在牛顿极限。在爱因斯坦广义相对论中,无论是场方程的推导、引力红移公式的推导,还是施瓦西解的求解过程都用到了牛顿极限。在《相对论探疑》一书中,笔者指出,牛顿极限在物理上是不合理的,在广义相对论中使用牛顿极限,就等于把牛顿力学的势函数代到广义相对论的结果里,从而导致广义相对论得出的结果不是准确的相对论的结果,而是一个近似的结果。为了便于理解笔者的这一观点,下面以静态球对称星球的引力场为例,说明爱因斯坦广义相对论存在的一个问题。

14.3 牛顿极限是隐藏在爱因斯坦广义相对论中的一个错误

根据爱因斯坦引力几何化的思想,研究星球的引力问题,可以转化成研究星球周围的时空结构。在广义相对论里,一个星球周围的时空被看成黎曼时空。在强引力区域,即在星球附近,黎曼时空是弯曲的。随着离开星球距离的增加,引力逐渐减弱,弯曲的时空会逐渐趋于平直。因此,可以认为,在弱引力情况下,即在无穷远处,弯曲的黎曼时空最终变成了平直的时空。牛顿极限的含义是:在无穷远处,这个平直的时空可以看成牛顿时空。

由此可见,在广义相对论中使用牛顿极限就相当于在求解相对论引力问题时,在无穷远处给出一个牛顿力学的边界条件,用这样的方法求出的结果显然不是一个准确的相对论结果,而只能是一个半相对论、半牛顿力学的结果。

虽然在强引力情况下,黎曼时空是弯曲的,随着引力逐渐减弱,弯曲的时空会逐渐趋于平直,在弱引力极限情况下,弯曲的黎曼时空最终变成了平直的时空。但这个平直的时空绝不是牛顿时空,这是因为,在黎曼时空中时间与空间是相互关联的,黎曼时空的这一性质,不会随引力的变弱而发生改变。即在弱引力情况下,弯曲的时空可以变成平直的时空,但时间和空间仍然是相互关联的。因此,从理论上严格地讲,黎曼时空的弱引力极限应该是闵可夫斯基时空,而不是牛顿时空。上述问题如果我们用数学公式来讨论,结果会变得更加清晰。

我们知道,对于牛顿时空(即欧几里得时空)来说,三维空间中两点之间的距离可写为

$$ds^2 = dx^2 + dy^2 + dz^2$$

如果用球坐标表示,上式还可写为

$$ds^2 = dr^2 + r^2 d\theta^2 + r^2 \sin^2\theta d\phi^2 \qquad (14-8)$$

闵可夫斯基把时间看作第四维空间，构建出一个四维时空，在闵可夫斯基时空，两点之间的距离用笛卡尔坐标表示，有

$$ds^2 = c^2 dt'^2 - (dx'^2 + dy'^2 + dz'^2)$$

如果用球坐标表示，上式可写为

$$ds^2 = c^2 dt^2 - dr^2 - r^2 d\theta^2 - r^2 \sin^2\theta d\phi^2 \tag{14-9}$$

在广义相对论中，静态球对称引力场的度规公式可写为

$$ds^2 = - c^2 g_{00} dt^2 + \frac{1}{g_{00}} dr^2 - r^2 d\theta^2 - r^2 \sin^2\theta d\phi^2 \tag{14-10}$$

其中：

$$g_{00} = -1 + h_{00} \tag{14-11}$$

现在，我们对式(14－10)取极限。如果牛顿极限是合理的，那么，所得结果应该是式(14－8)；如何闵可夫斯基极限是合理的，所得结果就应该是式(14－9)。

我们知道，在弱场情况下，即在无穷远处当 $r \to \infty$ 时，黎曼时空将变成平直的时空，即式(14－11) 中的 $h_{00} = 0$，于是有 $g_{00} = -1$，把这个结果代入式(14－10)，便可得到闵可夫斯基时空中的公式(14－9)，而不是牛顿时空的公式(14－8)。

这个结果表明，在广义相对论中，处理弱引力问题的正确方法是闵可夫斯基极限，而不是牛顿极限。牛顿极限是广义相对论中的一个错误，这个错误带来的后果是把牛顿力学的一个错误结果——拉普拉斯黑洞带到了广义相对论。

另外，这个结果再次表明，狭义相对论中应该有一个引力理论，没有这个理论，就不能建立正确的广义相对论，爱因斯坦的广义相对论实际上是一个半相对论、半牛顿力学的近似理论，关于这个问题，本书后面还会讨论。

14.4　为什么广义相对论的施瓦西黑洞与牛顿力学的拉普拉斯黑洞完全相同

为了说明黑洞这个错误概念是如何被引进广义相对论的，下面我们先回顾一下拉普拉斯黑洞产生的条件。前面我们指出，拉普拉斯黑洞是由牛顿力学得出的一个错误结果，由于牛顿理论中没有考虑质量随速度的变化这一因素，因此，用牛顿理论可以得出黑洞。当把牛顿速度公式用到 $c \leqslant u$ 的地方，或者说，把牛顿引力理论用到 $R \leqslant \frac{2GM}{c^2}$ 的强引力场，或把牛顿力学的势函数 φ 用到 $1 + \frac{2\varphi}{c^2} \leqslant 0$ 的范围，就会推导出拉普拉斯黑洞。

不但牛顿力学可以推导出黑洞，爱因斯坦广义相对论也能得出黑洞，而且广义相对论的施瓦西黑洞还与牛顿力学的拉普拉斯黑洞完全相同，为什么会出现这种情况呢？要弄清这一问题，需要对广义相对论施瓦西解的推导过程进行分析。下面，我们以温伯格《引力论和宇宙学》一书的推导方法为例，对这个问题进行分析。在施瓦西解的求解过程中，包括 3 个重要公式，这 3 个公式就是温伯格书中的式(8.1.6)、式(8.2.6)和式(3.4.5)[63]。

在温伯格所著的书中，采用了光速为 1 的单位制。如果不采用这种单位制，上面 3 个公式就变为

$$ds^2 = c^2 B dt^2 - A dr^2 - r^2 d\theta^2 - r^2 \sin^2\theta d\phi^2 \tag{14-12}$$

$$A = \frac{1}{B} \tag{14-13}$$

$$g_{00} = -\left(1 + \frac{2\varphi}{c^2}\right) \tag{14-14}$$

上面第一个公式利用静态球对称引力场的对称性即可得出，式(14 - 13)在温伯格的书中是用场方程推导出来的，可以证明这个公式利用等效原理也可以推导出来，因此，对这两个公式我们没有异议。问题的关键是式(14 - 14)，这个式子是牛顿极限公式，式中包含牛顿力学的势函数 φ。

这里特别需要注意：由于爱因斯坦场方程在其推导过程中使用了牛顿极限，即在确定场方程系数的时候使用了牛顿极限。因此，有些求解方法，表面上看没有使用牛顿极限，但由于场方程是建立在牛顿极限基础上的，因此，这种方法实际上也使用了牛顿极限。如果把牛顿极限放到求解过程的最后一步，并利用式 $B = -g_{00}$，式(14 - 12) 最终可写为。

$$ds^2 = -c^2 g_{00} dt^2 + \frac{1}{g_{00}} dr^2 - r^2 d\theta^2 - r^2 \sin^2\theta d\phi^2 \tag{14-15}$$

把牛顿极限式(14 - 14)代入式(14 - 15)，便可得

$$ds^2 = c^2\left(1 + \frac{2\varphi}{c^2}\right)dt^2 - \left(1 + \frac{2\varphi}{c^2}\right)^{-1} dr^2 - r^2 d\theta^2 - r^2 \sin^2\theta d\phi^2 \tag{14-16}$$

由式(14 - 16)可以得出施瓦西黑洞出现在

$$1 + \frac{2\varphi}{c^2} \leqslant 0 \tag{14-17}$$

的区域。显然，式(14 - 17)就是拉普拉斯黑洞出现的条件。因此，我们得出施瓦西黑洞是这样产生的：

由于在施瓦西解的推导过程中使用了牛顿极限，由此导致在施瓦西解中包含了牛顿力学的公式，即牛顿力学的 φ。把施瓦西解用到强引力场时，当牛顿力学的 φ 满足 $1+\frac{2\varphi}{c^2}\leqslant 0$ 的条件时，于是，牛顿力学的拉普拉斯黑洞便出现在施瓦西解中。因此，由施瓦西解得出的黑洞实际上就是牛顿力学的拉普拉斯黑洞。

总之，宇宙中并没有黑洞，把牛顿力学用到这个理论不适用的地方就会产生黑洞，拉普拉斯黑洞和施瓦西黑洞都是由这一原因造成的。

14.5　牛顿极限这一错误产生的历史原因

最后，我们通过对相对论创立初期原始论文的考察，从历史的角度分析，为什么在爱因斯坦广义相对论中会出现牛顿极限这样的错误。

如果我们对相对论创立初期一些原始论文进行研究便不难发现，历史上曾出现过两个相对论：一个是洛伦兹和庞加莱建立的相对论，另一个则是爱因斯坦的相对论。爱因斯坦相对论与洛伦兹理论有许多共同之处，它们有一些完全相同的公式，例如坐标变换公式，以及质量随速度变化的关系式等。爱因斯坦相对论与洛伦兹理论的区别在于时空观的不同。洛伦兹理论是建立在牛顿绝对时空观的基础上，而爱因斯坦的理论则包含一种新的时空——闵可夫斯基时空。

虽然爱因斯坦建立了狭义相对论，但狭义相对论的时空观并不是爱因斯坦提出的。第一个提出新的相对论时空观的是闵可夫斯基，1908 年，闵可夫斯基的《空间和时间》论文的发表，表明一种新的时空观——闵可夫斯基时空观建立起来了。

然而，起初爱因斯坦对闵可夫斯基的工作并不感兴趣，甚至他还嘲弄道：“重要的是内涵，而不是数学。”[64]

爱因斯坦认为相对论的核心是物理学原理，而不是漂亮而无意义的数学公式，他将闵可夫斯基的工作称为“花哨的学问”，即 superfluous erudition[65]。

后来爱因斯坦还半开玩笑地说过：“自从数学家研究相对论之后，我就再也搞不懂它了。”[66]

另外，爱因斯坦认为把他的理论转变成张量形式，完全是“多余的知识卖弄”[67]。

1916 年 1 月 3 日，爱因斯坦在给贝索的信中写道：“研究闵可夫斯基对你不会有什么帮助，他的论著是无用的复杂。”[68]

由此可见，在很长的一段时间里爱因斯坦并不接受闵可夫斯基的工作，从爱因斯坦的早期著作中我们能够看到，爱因斯坦还把闵可夫斯基时空与欧几里得时空相混淆，例如，1917 年，爱因斯坦出版了《狭义与广义相对论浅说》，其中第 26 章的标题为“狭义相对论的空时连续区可以当作欧几里得连续区”,由此可见,此时爱因斯坦仍然把狭义相对论看作欧几里得时空中的理论[69]。

我们知道,爱因斯坦广义相对论是在1915年建立起来的。换句话说,在建立广义相对论的过程中,闵可夫斯基时空的概念在爱因斯坦头脑中还没有完全建立起来,欧几里得时空在爱因斯坦的思想中还占据一定位置,他把狭义相对论仍然看作是欧几里得时空的理论。

正是由于这一原因,在广义相对论中,当对黎曼时空取极限时,爱因斯坦没有把黎曼时空的极限看作闵可夫斯基时空,而看作欧几里得时空,即爱因斯坦没有把广义相对论建立在狭义相对论的基础上,而是把广义相对论的结果直接与牛顿力学的结果联系起来。这就是牛顿极限这个错误产生的历史原因。

14.6 小结:黑洞不存在的第一个理由

在本书第一篇已经论述了,从马克思主义角度看爱因斯坦理论是一个不完善的理论,其不完善就表现在狭义相对论中缺少引力理论。本章的研究表明,狭义相对论中没有引力理论,进而导致爱因斯坦的广义相对论出现了问题。

在广义相对论场方程的建立和求解过程中,需要取弱场极限,正确的做法应该是使用闵可夫斯基极限,即把广义相对论的结果与狭义相对论的结果相匹配。由于狭义相对论中没有引力理论,以及爱因斯坦对闵可夫斯基时空认识上的偏差,导致他使用了一个错误的公式——牛顿极限公式。

牛顿极限带来的后果是把牛顿力学的东西:牛顿力学的势函数以及拉普拉斯黑洞等,都带到了广义相对论的结果中。因此,广义相对论的施瓦西黑洞就是牛顿力学的拉普拉斯黑洞。宇宙中并没有黑洞,黑洞是由牛顿力学引出的一个错误结果,由于拉普拉斯黑洞是错误的,所以施瓦西黑洞也是错误的。这就是黑洞不存在的第一个理由。

第15章　黑洞不存在的第二个理由

在本书第一篇我们论述了，从马克思主义的角度看，爱因斯坦理论存在两个问题：

其一，爱因斯坦理论是不完善的，其中缺少某些重要的东西；

其二，爱因斯坦的理论与能量守恒规律相矛盾。

前面我们讨论了牛顿极限这个错误与第一个问题有关，下面我们再从能量守恒的角度分析为什么宇宙中没有黑洞。我们将选择了一个特殊的视角，把黑洞与永动机进行对比，以此说明在黑洞研究中被人们所忽视的一个问题，即黑洞和永动机一样，如果存在，必然违反能量守恒规律。

15.1　亨内考的“魔轮”

虽然“没有免费的午餐”是经济学的一句格言，但是，不需付出，便企图获得收益的人，在科学界和工程界也大有人在。和炼金术一样，对永动机的追求一度在世界上非常流行，一些人试图通过制造出“永动机”来获得免费的午餐。

永动机的思想起源于印度，佛教里常转的法轮便源于永动机的理想模型。最初，人们想研制出一个不花任何人力、物力就能永远运转的机器，并且能够代替人类做工，这就是人类研制永动机的最初动力。

公元1200年前后，永动机的思想从印度传到伊斯兰世界，然后传到欧洲。到了17和18世纪，人们对永动机的研制形成了一股热潮，无数人为了实现永动机这一梦想，废寝忘食、努力地工作，其中不乏许多著名学者和科学家。

19世纪中叶，英国有一位工程师德尔克斯收集了大量历史资料，写成一本书，书名为《十七、十八世纪的永动机》，在这本书的序言中德尔克斯写道：“我将这部书奉献给公众，一方面这是一部有趣的、也是忧伤的历史，另一方面这里提出了严重的警告：切勿妄想从永恒运动的赐予中获取名声和好运。”[70]

永动机的历史是一段充满传奇的历史，下面，我们首先介绍几个历史上著名的永动机。自古以来，许多永动机的研究者为了发明永动机，像古代炼丹术士那样入

图 15－1　亨内考的“魔轮”

迷着魔。或许是由于这一原因，历史上的第一个永动机被后人称为“魔轮”。

早在 800 多年前，即 13 世纪，法国有一位名叫亨内考的发明家，发明了世界上第一部“永动机”，即亨内考的“魔轮”。这部“永动机”的构造如下：亨内考在一个轮子的边缘上，安装了 12 根活动的短杆，每个短杆的头上有一个铁球，如图 15－1 所示。

亨内考认为“魔轮”只要转动一次，就会永远转动下去，他的理由是，轮子右边的各个铁球，比左边的铁球距离轮子中心远些，使得下行方向力矩加大，力矩的不平衡就会驱使魔轮永不停息的沿着顺时针方向转动下去。

这个设计后来被许多人复制出来，但从未实现过不停地转动。仔细地看一看，便很容易发现这个设计的破绽。在图 15－1 中，除了下面一个铁球不产生力矩外，右边是 4 个离轴较远的铁球，而左边离轴较近的铁球却有 7 个。所以，问题出在虽然右边每个球产生的力矩大，但是球的个数少；左边每个球产生的力矩虽小，但是球的个数多，因此，轮子不会持续地转动下去，只会摆动几下便停了下来。

虽然亨内考设计的“魔轮”失败了，却有许多人在亨内考设计的“魔轮”的基础上，设计出许多变形的“魔轮”。15 世纪，著名学者达·芬奇也曾设计一个相同原理的类似装置。

达·芬奇是一位伟大的艺术家、数学家、机械学家和工程师。受永动机研究热潮的影响，达·芬奇也设计了一台永动机，他设计的永动机有一个大轮子，轮子内部安装 12 个特殊形状的分隔板，每个分隔板内放一个铁球，达·芬奇认为，由于分隔板的特殊形状，轮子能够沿顺时针不停地旋转，如图 15－2 所示。

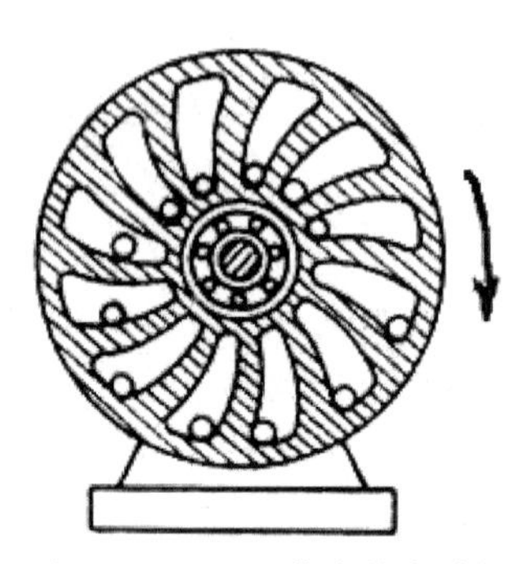
图 15－2　达·芬奇的永动机

有人将达·芬奇的设计付诸实施，制造出一个机器，但这个装置经过实验也以失败告终。后来，达·芬奇从制造永动机的失败中醒悟，认识到永动机的尝试注定要失败。

15.2　17 和 18 世纪的永动机

在欧洲文艺复兴时期，各国出现了许多发明家，他们接二连三地发现了一些科学上新的东西，伴随着这些新发现和新发明的出现，一些人对永动机的追求，也变得越发强烈起来。

17 世纪，有一位医生兼发明家弗拉德，设计了一个可以带动磨刀石自行旋转的永动机如图 15－3 所示。

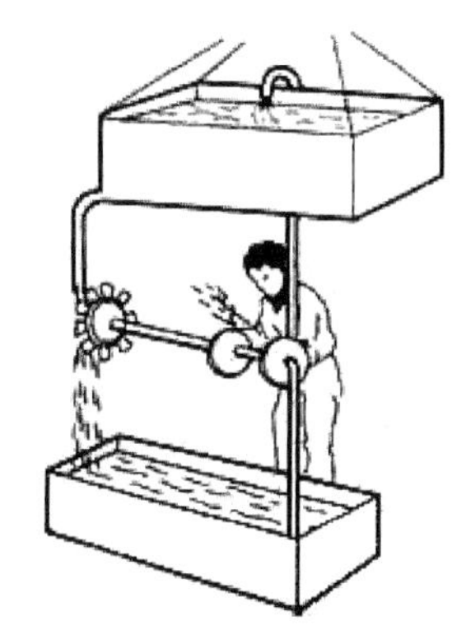

图 15－3　带动磨刀石自行旋转的永动机

弗拉德的永动机是利用一个螺旋吸水器，把水池中的水提到高处，再让水推动水轮机，水轮机除了带动水磨做功以外，还带动着螺旋吸水器旋转，从而不断地提水。虽然，弗拉德按照他的设计制造了一台机器，但这台机器并没有像他希望的那样，永远地运行下去。

原因很简单，弗拉德希望上部水槽中的流水可以连续不断地带动水轮机和磨刀石运动，然而，流水使水轮机转动后，螺旋吸水器带回来的水总比流下去的水少，待到水槽中的水耗尽，机器也就停止工作了。

除了上面这些永动机外，在 17 和 18 世纪永动机研究的热潮中，人们还提出了形形色色的永动机，有的是利用轮子的惯性、水的浮力、细管的毛细作用、带电体的电力和天然磁铁的磁力等(见图 15－4、图 15－5)，但这些永动机无一例外地都失败了。

图 15－4　浮力永动机

这是一款企图利用磁力来实现永动的机械模型。

图 15－5　磁力永动机

以致法国科学院在 1775 年，针对越来越多投送审查的永动机设计方案，不得不郑重声明：“本科学院以后不再审查有关永动机的任何设计。”

15.3　从永动机获得的启示

研制永动机过程中无数次的失败，终于使人们从中获得了一个启发，这就是能量守恒规律的发现。

能量守恒规律是物理学的一个重要规律，违反了这个规律就必然得出错误的结果，必然以失败告终。从古到今，所有永动机的发明家，在他们设计永动机的时候，多数都不知道什么是能量守恒规律，因此，也不知道永动机是造不出来的。有些人虽然知道能量守恒定律，但对这个定律的理解并不深刻，因此，同样也会犯错误。

20 世纪 50 年代，在能量守恒定律发现 100 多年后，在我国也出现了一场发明永动机的热潮。当时的情况是：新中国成立后，“在我们的国土上，许多前人想做的事情都已经实现了，许多前人不敢想象的事，也已经做到或正在进行了。”[71]当时有一个口号非常流行，这就是“敢想敢干”，在这一精神鼓舞下，有些人想完成前人所没有完成的永动机创造，于是，一些敢想敢干的永动机的发明家，就在各地纷纷出现了。

“成千上万封信，带着‘发明家’的希望，寄到国务院、科学院和各个工业部门；寄到《科学通报》《物理通报》《科学大众》等科学杂志；寄到各省市科学技术普及协会，要求慎重的研究自己的惊人的创造。”

“于是一次、二次到无数次地反复讨论，甚至亲自把模型从乡间搬到城市，从各地方带到北京来，要求审定他们发明的永动机，甚至还要求国家补助。”[71]

面对这场永动机研究的热潮，国内一些物理学家开始写文章告诫永动机的发明家，永动机是制造不出来的。1953 年 10 月，王竹溪教授写了一篇“永动机是不可能造成的”论文，发表在“物理通报”上。科学普及出版社出版了《永动机问题》一书，中国青年出版社也出版了《有永动机吗?》[72]。

这些书中告诫人们：“不是一切事只要有热情有自信就能够解决，主观努力必须符合客观规律。”“如果永动机发明家真正做一个发明家，就不应该将前人的知识、前人的经验教训丢在一边，而应该深入钻研下去，这样才能站得高看得远，不至于一叶障目，浪费终生。”

当年那场研究永动机的热潮已经过去了，但这个事件告诉我们，虽然能量守恒定律提出已经 100 多年了，但是，目前许多人仍然对这个定律理解不深。能量守恒定律是一个非常重要而且十分深刻的物理定律，从事物理学研究，千万不要忘记能量守恒规律。

15.4 从物理上看，黑洞如果存在必然与能量守恒规律相矛盾

1916 年，施瓦西得出了爱因斯坦场方程的一个准确解——施瓦西解，从这个

解可以得出宇宙中可能存在施瓦西黑洞。所谓施瓦西黑洞是这样一种星球，该星球的引力场极强，任何物质，包括以光速运动的光粒子，都被约束在一个很小的区域(视界)内，都无法从星球表面逃逸到这个区域之外，这个区域的半径是 r_S，现在人们把它叫作施瓦西半径：

$$r_S = \frac{2GM}{c^2}$$

现在，我们证明如果引力场中的物质运动满足能量守恒规律，那么，宇宙中就不存在施瓦西黑洞。下面我们先从物理的角度，给出一个直观的证明，然后再从数学的角度进行论证。

任意给定一个星球，现在假设有一个机器人，在施瓦西半径之外的某一个地方，将一个物体投向星球表面，设物体到达星球表面时的速度为 u，再假设星球表面的另一个机器人，将物体拾起，然后以相同的速度 u 向上抛出，根据能量守恒定律，在上述问题中物体的运动与路径无关，只与物体的起始和终了位置有关。因此，如果我们以相同的速度将物体向上抛出，物体将沿着原路重新回到施瓦西半径之外。这里需要注意，根据狭义相对论，任何物体的运动速度都要小于光速，因此，物体到达星球表面时的速度 u 应该小于光速。

换句话说，在上面这个思想实验中，星球表面的机器人，可以用速度 u 将物体抛到施瓦西半径之外，而且这个速度 u 是小于光速的，根据黑洞的定义，如果一个星球，物质可以以小于光的速度，逃逸到施瓦西半径之外，那么这个星球一定不是黑洞。而且，上述论证对任意星球都成立，因此，宇宙中的任意星球都不是施瓦西黑洞，即宇宙中根本就不存在施瓦西黑洞。

以上论述虽然简单，但却抓住了问题的本质，黑洞违反了能量守恒规律。下面我们再从数学的角度论证这一问题，这需要用到非爱因斯坦相对论。

15.5　相对论引力场能量守恒方程的第一种形式

我们知道，牛顿理论只能用于质点运动速度远小于光速的情况。当引力场很强时，在引力作用下的质点运动速度与光速相比不再是一个可忽略的小量，此时质点的质量也不再是一个常量，而是一个随速度变化的变量。在这种情况下，需要对牛顿力学的质点运动方程(10-1)

$$m_0 \frac{\mathrm{d}u}{\mathrm{d}t} = -\frac{GMm_0}{r^2}$$

进行修正。考虑到质量随速度变化这一因素，在非爱因斯坦相对论中，我们把式

(10-1)修改成式如下形式：

$$\frac{\mathrm{d}(mu)}{\mathrm{d}t}=-\frac{GMm}{r^2} \tag{15-1}$$

式中，质量满足相对论的质量公式，即

$$m=\frac{m_0}{\sqrt{1-\frac{u^2}{c^2}}}$$

利用式(15-1)，可以推导出[1]

$$m_0\frac{u^2}{2}+m_0\Phi=0 \tag{15-2}$$

式(15-2)就是非爱因斯坦相对论给出的能量守恒方程，关于式(15-2)的推导在《黑洞探疑》一书中已有详细介绍，这里不再重复了。式(15-2)中的 Φ 为

$$\Phi=-\frac{c^2}{2}\left[1-\exp\left(-\frac{2GM}{rc^2}\right]\right.$$

将上式代入式(15-2)，得

$$\frac{1}{2}m_0u^2-\frac{m_0c^2}{2}\left[1-\exp\left(-\frac{2GM}{rc^2}\right)\right]=0 \tag{15-3}$$

这就是是非爱因斯坦相对论给出的引力场的能量守恒方程，这里为了简单起见，我们规定无穷远处的势能等于零，如果规定星球表面的势能为零，则方程的右端将等于一个常量。

对于一个质量为 M，半径为 R 的星球来说，在它表面上一个质量为 m_0 质点，根据能量守恒方程(15-3)，该质点能够从星球表面逃逸的最小速度 u_e 很容易算出：

$$\frac{1}{2}m_0u_e^2=\frac{m_0c^2}{2}\left[1-\exp\left(-\frac{2GM}{Rc^2}\right)\right] \tag{15-4}$$

由式(15-4)可求得逃逸速度为

$$u_e=c\sqrt{1-\exp\left(-\frac{2GM}{Rc^2}\right)} \tag{15-5}$$

我们知道，在真实的物理世界中，一个星球的半径显然满足 $R>0$ 的条件，因此有

$$\sqrt{1-\exp\left(-\frac{2GM}{Rc^2}\right)}<1$$

于是由式(15－5)可得：$u_e<c$，即考虑到质量随速度变化这一因素后，我们得出星球的逃逸速度小于光速，这就是根据能量守恒方程(15－3)得出的结果。这个结果表明宇宙中没有黑洞。

通过以上讨论我们看到，在18世纪，人们还不知道物体的质量要随速度变化，也不知道牛顿力学的适用范围，在这种情况下，拉普拉斯把牛顿理论用到了速度大于光速的地方，由此得出一个错误的结果——暗星，也就是今天所说的黑洞。因此，黑洞实际上是一个错误的概念，它是由于在牛顿力学里把质量当作常量而导致的一个错误结果。由相对论引力场的能量守恒方程(15－3)，可以得出宇宙中任一星球都不是黑洞。然而，遗憾的是在爱因斯坦的理论中却没有能量守恒方程，这就是在爱因斯坦理论中黑洞这个错误产生的原因。

15.6　相对论引力场能量守恒方程的另一种形式

相对论引力场的能量守恒方程是非爱因斯坦相对论的一个重要结果，为了更好的理解这一结果，下面我们再换一种方法推导能量守恒方程。把式(15－1)改写成如下形式：

$$\frac{\mathrm{d}(mu)}{\mathrm{d}t}+\frac{GMm}{r^2}=0 \tag{15-6}$$

假设一个质点从无穷远处开始下落，沿质点下落的路径对上式进行积分，可得

$$\int_1^2\frac{\mathrm{d}(mu)}{\mathrm{d}t}\mathrm{d}r+\int_1^2\frac{GMm}{r^2}\mathrm{d}r=\int_1^2 0\mathrm{d}r \tag{15-7}$$

式(15－7)积分符号中的1和2，分别代表质点的初始和终了时的位置，式中的第一项是质点在下落过程中获得的动能，以下用$W_{动能}$表示；第二项是质点的势能，用$W_{势能}$表示，式(15-7)中最后一项，零的积分等于常量，用C表示，于是，便得到如下形式的能量守恒方程：

$$W_{动能}+W_{势能}=C$$

假设一个静止的物体从无穷远处落下，物体到达星球表面时的落地速度为u_1，在这个过程中，引力对物体做功使它获得了动能。我们可以推导出$W_{动能}$的具体公式，由此可以得出物体到达星球表面时的动能为[见《非爱因斯坦相对论研究》一书中的式(11－3)]

$$W_{动能}=\left(\frac{m_0}{\sqrt{1-\frac{u_l^2}{c^2}}}-m_0\right)c^2$$

如果我们把势能的零点取在星球表面，即规定星球表面的势能等于零。把上述条件代入能量守恒方程，便可确定方程右端的常数为 $\left(\frac{m_0}{\sqrt{1-\frac{u_l^2}{c^2}}}-m_0\right)c^2$，最后能量守恒方程可以写成为

$$W_{动能}+W_{势能}=\left(\frac{m_0}{\sqrt{1-\frac{u_l^2}{c^2}}}-m_0\right)c^2 \tag{15-8}$$

下面我们就用这个方程分析为什么宇宙中没有黑洞。

我们知道，一个物体从无穷远处下落到星球表面，引力对物体做了功，使物体获得了动能。反之，一个物体若想从星球表面逃逸出去，物体必须克服星球的引力，也就是说，只有当物体逃逸时的初始动能大于星球引力对它做的功，物体才能逃逸出去。从上面的能量守恒方程可以看出，方程(15-8)的右端项是星球引力场对物体做功使物体获得的动能。显然

$$\left(\frac{m_0}{\sqrt{1-\frac{u_l^2}{c^2}}}-m_0\right)c^2=mc^2-m_0c^2<mc^2$$

这个公式说明任何星球的引力场对物体做功，都不能使物体的动能达到 mc^2，因此，任何星球也就没有能力把动能为 mc^2 的粒子约束起来，使其无法逃逸出去。根据光量子理论，光子的能量为 mc^2，所以，从能量的角度看，任何星球的引力场都没有能力把光量子“囚禁”起来，让光都跑不出去。

换句话说，任何星球引力场的做功能力，都不能使粒子的能量达到 mc^2，因此，任何星球也就没有能力把能量为 mc^2 的光量子约束起来。所以，光可以在任何星球的引力场中来去自由，不受约束，任一星球发出的光，外面的人是一定能够看到的。因此，宇宙中不存在所谓看不见的星球，即宇宙中根本就没有施瓦西黑洞。

15.7 黑洞不存在的第二个理由

总之，本章的研究表明，只要恩格斯关于能量守恒与转化规律是“伟大的运动基本规律”的论断是正确的，任何物质的运动，包括引力场中的物体运动，都应该满

足能量守恒规律，那么，黑洞在现实的物理时空中就不会出现。

因为，能量守恒规律告诉人们，任何物体都具有能量，物体运动过程中能量是守恒的，也就是说，在自然界中不允许出现超越物体能量上限的事情发生。

对于任意一台机器来说，它对外所做的功不可以超过它的输入能量。在自然界中不存在这样的机器：不需要输入能量就可以对外做功，或者说，只需要输入很少的能量就可以做很多的功。这就是为什么制造不出来第一类永动机的原因，因为它违反了能量守恒规律。

星球的引力场也具有能量，它可以把物体从远处吸引到星球的表面。但任一星球的引力场都不具有这样的能力(能量)，使物体下落到星球表面时的速度大于或等于光速，因此，任一星球都没有能力对以光速运动的粒子进行约束，这就是为什么宇宙中没有黑洞，任一星球的逃逸速度一定要小于光速的原因。

有关施瓦西黑洞的讨论到此就结束了，总结以上工作，我们可以得出这样的结论：施瓦西黑洞就是牛顿力学的拉普拉斯黑洞，如其存在必然违反能量守恒规律。这个结果本应在黑洞研究的第二阶段就可以得到，然而遗憾的是人们忽视了这个问题，由此导致了在黑洞研究的下一阶段，人们走上了一条错误的道路。

第 16 章　黑洞研究的第三阶段

在 20 世纪 60 年代中期之前，当时大多数物理学家都持有与爱因斯坦相同的观点，并不相信黑洞的存在。他们不相信黑洞的主要理由是，黑洞如果存在，必然伴随着无穷大的结果出现，例如，在黑洞的中心处，时空曲率无穷大，压力无穷大，密度无穷大。他们认为，在真实的物理世界中是不允许出现这类无穷大的结果，所以黑洞不可以存在。然而，到了 20 世纪 60 年代中期，物理学家改变了观点，他们开始相信黑洞的存在，造成这一情况的原因有几个。

其一，旋转黑洞的导出。从 1963 年开始，人们从广义相对论中又推导出两黑洞，即克尔黑洞和克尔-纽曼黑洞，它们都是旋转的黑洞[73, 74]。

其二，脉冲星的发现。1967 年，脉冲星的发现表明奥本海默对中子星的预测是正确的，于是人们开始对他的另一个预测——黑洞产生了兴趣。

其三，奇点定理的证明。在 1965 年至 1970 年之间，彭罗斯和霍金证明了几个奇点定理，他们得出：在广义相对论中奇点是不可避免的，即只要爱因斯坦的广义相对论正确，并且因果性成立，那么任何有足够物质的时空，都至少存在一个奇点[75-77]。

由于上面几个原因，导致一些物理学家改变了观点，他们认为广义相对论是正确的，奇点是不可避免的，于是与奇点密切相关的“暗星”有可能是存在的，惠勒还给“暗星”起了一个新名字“黑洞”。

自此之后，黑洞逐渐成为物理学的一个热点，黑洞研究也进入了一个新的阶段——黑洞研究的第三阶段。本章，我们对黑洞研究的这一阶段做一简要的介绍。

16.1　旋转的黑洞

从 20 世纪 30—60 年代，相对论的研究基本上处于停滞不前的状态，然而克尔的工作打破了这一僵局。

1963 年，在一次相对论和天体物理学的学术交流会上，新西兰数学家克尔在会上做了一个 10 分钟的演讲，克尔报告了自己发现的一个新的爱因斯坦场方程的解答，即克尔解，从克尔解中可以得出一个旋转的黑洞，这就是克尔黑洞。

克尔黑洞以恒定的速度旋转，其大小与形状只依赖于它的质量和旋转速度，如果旋转速度为零，黑洞就是完美的球形，这个黑洞就和施瓦西黑洞一样。如果有旋转，黑洞的赤道附近就会鼓出去，而旋转的速度越快，则鼓得越多。

克尔黑洞比静态球对称的施瓦西黑洞复杂得多。它的视界与无限红移面不再重合，而且有两个视界和两个无限红移面，两个视界几乎是球对称的，在黑洞的中心还存在一个奇环。

对于克尔黑洞也存在奇点困惑，在克尔黑洞中存在一个奇环，奇环附近有“闭合类时线”。人们沿着这条线可以回到自己的过去，造成因果循环，这显然与物理常识相违背。

假如克尔黑洞越转越快，其内视界与外视界越靠越近，最后，两个视界相重合。如果转得再快些，视界就消失了，奇环裸露在外面。裸露的奇环会使整个时空的因果性受到破坏，为了避免这种现象发生，英国物理学家彭罗斯提出所谓的“宇宙监督假设”。这个假设的大意是：存在一个宇宙监督，它禁止裸奇点的出现[78, 79]。

“宇宙监督假设”很像物理学历史上曾出现的“自然害怕真空”的说法，大概彭罗斯也觉得这个假设不好，后来，他将“宇宙监督假设”做了修改，改成“类时奇异性不稳定”，其大意是：克尔黑洞内的奇环和内视界都是不稳定的，稍有扰动就会变化，封住内视界，不让飞船钻进去，这就避免了进入克尔黑洞内部的人看见奇环，导致因果关系的破坏。

除了克尔黑洞外，还有一种不仅旋转而且带电的黑洞，这就是克尔-纽曼黑洞，其构造与克尔黑洞十分相似，有两个视界，两个无限红移面，两个能层，中心有一个奇环。自从克尔黑洞和克尔-纽曼黑洞推导出来后，广义相对论的研究进入一个新的活跃期，广义相对论的预言——黑洞也再度引起物理学家的关注。

16.2　中子星的发现

早在1939年，美国物理学家奥本海默应用广义相对论，对中子星结构进行了详细的推导和计算，提出了中子星的预言，他认为，质量 M 满足 $1.4M_S < M < 3.2M_S$ 的恒星将演化成中子星，同时，他还预言质量超过中子星临界质量上限的恒星将进一步塌缩，而形成黑洞。

虽然，关于中子星的预言早在20世纪30年代就已经提出了，但是，当时的人们对白矮星的密度已经感到难以置信，白矮星的密度为0.1～100 t/cm^3，而中子星的密度高达数亿吨每立方厘米，因此，更没人敢相信中子星的存在。致使在中子星的预言提出之后的30年间，几乎没有人对中子星感兴趣，于是，中子星逐渐被人们遗忘了。

然而，1967年夏天，英国剑桥大学的休伊什教授用自己设计的仪器进行巡天观测，搜寻来自宇宙间的电磁波，他的助手是女研究生贝尔。一天晚上，贝尔发现一个奇怪的电磁波源，其发射的短脉冲是有严格周期性的。她把这一消息告诉了她的导师休伊什，他们又做了重复观测。观测结果表明，这一信号来自某一宇宙天体。最初，他们认为这是外星人发来的联络信号，因而，取个代号叫“小绿人”。不久，人们就认识到，这些脉冲源根本不是什么外星人的联络信号，而是一种未知天体发来的电磁波，人们把这种星称为脉冲星。

脉冲星发射的脉冲信号的周期为$\frac{1}{3}$ s，而且十分稳定，这只能是恒星自转引起的，考虑到自转如此之快，白矮星的物质会在惯性离心力的作用下飞掉，因此，人们确定这一信号源不是白矮星，而是中子星。

由于发现了中子星的存在，休伊什获得了1974年的诺贝尔物理奖。奖金只给了休伊什一个人，而忽略了贝尔，这件事情在天体物理学界引起了轩然大波，许多人为贝尔感到不平，但贝尔表现得却十分有涵养，从来没有批评过她的老师，也从来没有为此进行申诉。

中子星的发现表明奥本海默在1939年提出的中子星预言是正确的，于是，人们对他的另一个预言，即关于黑洞的预言产生了浓厚的兴趣。

16.3 奇点定理的证明

在20世纪60年代之前，大多数物理学家认为，在真实的物理世界里不允许出现无穷大，广义相对论中出现的奇点是由对称性引起的。因为，广义相对论中的几个奇异解都具有一定的对称性，例如施瓦西解是一个球对称的解，而真实的物理情况并不满足严格的对称性，宇宙中没有一个星球是标准的球形。于是一些人提出，真实的物理问题不满足这种对称性，所以，施瓦西黑洞在真实的物理时空中不会出现。

然而，在1965—1970年之间，彭罗斯和霍金证明了几个奇点定理，他们的研究表明，无须依赖对称性假设，广义相对论的奇性在一定条件下是不可避免的。他们所用的工具包括类光(时)测地线理论、时空整体因果结果和整体微分拓扑理论，整个推理过程可以说非常严谨，是这三种理论的有机结合。

1965年，彭罗斯证明了第一个奇点定理，证明中的一个关键概念是陷俘面，时空中的二维类空闭曲面称为陷俘面，这个定理的实质是：只要时空满足某些合理的因果条件(整体双曲条件)和能量条件，则陷俘面的存在必然导致不完备类光测地线的存在,即"对球对称性的偏离不能防止时空奇点的出现"。

彭罗斯实际上证明了,无论什么样的星球,只要聚集了足够的质量,星球就会在引力的作用下最终塌缩成一个奇点。霍金的老师西阿玛将这个结果称为广义相对论形成以来,对它做出的最重要的贡献。

上述文章只是彭罗斯一系列关于奇点的文章的第一篇,它的出现立即引起同行的关注,很多人迅速投入这一领域,霍金便是其中的佼佼者。霍金很快吸收了彭罗斯的观点,他把彭罗斯的技巧应用到开发的宇宙模型中,这个模型可以理解为与星球塌缩相反的情况,霍金的结论是:如果广义相对论是正确的,那么,在宇宙历史的某一时刻至少存在一个奇点。

此后,彭罗斯和霍金合作共同撰写了一篇论文,将奇点定理做了扩展,后来还出现一些有关奇点定理的文章,其实所有奇点定理都离不开以下三个条件。

(1) 能量条件。

(2) 整体因果性条件。

(3) 时空中某些区域的引力强到任何物质一旦被俘获就无法逃逸。

只要上述3类条件的某种适当组合成立,时空中就必然存在不完备类时或类光测地线,即奇点必然存在。

总之,彭罗斯和霍金的奇点定理表明:在广义相对论中奇点是不可避免的,即只要爱因斯坦的广义相对论正确,并且因果性成立,那么任何有足够物质的时空,都至少存在一个奇点。

16.4　黑洞无毛定理与黑洞的种类

在黑洞理论中有一个定理,即黑洞的无毛(no hair)定理。1972年,美国普林斯顿大学的研究生贝肯斯坦提出一个定理,其内容是:当星体形成黑洞后,只剩下质量、角动量和电荷三个基本守恒量还在继续起作用,其他一切因素,即"毛发",都在进入黑洞时消失了,所以说黑洞是无毛的。这就是著名的黑洞无毛定理,这个定理后来被霍金、卡特和伊斯雷尔等人证明了。

黑洞的无毛定理表明,跟其他天体相比,黑洞更为简单,其他天体的许多性质它都没有。例如,地球有磁场,太阳有黑子,中子星有电磁脉冲和γ射线爆发,组成这些星体的原子和分子都有复杂的结构……所有这些性质黑洞都没有,黑洞只有3个性质,即质量、电荷和角动量,只要这3个参数定了,黑洞的全部性质也确定了,除此之外黑洞就没有任何其他性质了。

根据这个定理,宇宙中只有下面4种类型的黑洞[80-81]。

(1) 施瓦西黑洞:只有质量的最简单的黑洞,其度规是在1916年由施瓦西求出。黑洞的全部性质都反映在它的时空度规中，施瓦西度规只有一个参数——质量 M。这是球对称黑洞所具有的唯一参数，施瓦西黑洞除了质量外，再也没有其他性质了，黑洞的任何性质，如黑洞视界面的半径，视界面外部空间的曲率，试验粒子的加速度等，都由黑洞的质量决定，因此，施瓦西黑洞只有“一根毛”。

(2) R－N (Reissner-Nordstrom)黑洞：只有质量与电荷，而角动量为 0 的黑洞。这个黑洞的度规是在 1918 年由两位俄国科学家，雷斯耐尔和诺尔斯特罗姆给出的，简称 R－N 度规，这一度规只含两个参数——质量 M 和电荷 Q，所以 R－N 黑洞只有“两根毛”。

(3) 克尔黑洞：只有质量与角动量，电荷为 0 的黑洞。这个黑洞的外部时空度规是在 1963 年由克尔求出的，克尔度规也有两个参数——质量 M 和角动量 J。克尔黑洞的视界，无限红移面，以及外部时空的其他性质均由质量 M 和角动量 J 确定，克尔黑洞的视界与无限红移面不重合，这是克尔黑洞与施瓦西黑洞的一个重要区别。

(4) 克尔-纽曼黑洞：质量、电荷和角动量均不为 0 的黑洞。其度规是 1965 年由纽曼求出的，这个度规的表达式中含有 3 个参数——质量 M、电荷 Q 和角动量 J，所以，这个黑洞有“三根毛”。

上述这 4 种黑洞中，施瓦西黑洞是最简单也是最基本的黑洞，其他的黑洞，如果令电荷和角动量为 0，均可以简化成施瓦西黑洞。由此可见，其他几种黑洞实际上是在施瓦西黑洞基础上，再增加电荷和角动量等性质而形成的。于是，我们不难得出这样的结论：如果在真实的物理时空中没有施瓦西黑洞，那么，其他几种黑洞也不可能存在，因此，研究黑洞是否存在这个问题，实际上只需讨论施瓦西黑洞就可以了。

16.5 霍金在黑洞方面的工作

谈起黑洞人们一定会想到霍金，霍金是当今黑洞领域的一个代表人物。除了奇点定理，霍金在黑洞研究方面还得出以下结果。

霍金辐射：1971 年，苏联物理学家泽尔多维奇发表一篇论文宣布：“旋转的黑洞一定会辐射，这辐射将反作用到黑洞上，使旋转变慢，然后停下来，旋转停止，辐射也将停止。”1973 年 9 月，霍金访问莫斯科，和泽尔多维奇等人讨论黑洞问题，霍金对这次访问是这样记述的：“他们说服我，按照量子力学不确定原理，旋转黑洞应该产生并辐射粒子。在物理基础上，我相信他们的论点，但是不喜欢他们计算辐射所用的数学方法。所以我着手设计一种更好的数学处理方法，并于 1973 年 11 月底在牛津的一次非正式讨论会上将其公布于众。”

1974 年，霍金在《自然》杂志上宣布一个预言："旋转的黑洞必然会辐射并减慢旋转，然而，当黑洞停止旋转时，辐射仍然不会停止。"

黑洞辐射的原因是真空的量子涨落。这涨落不断产生和湮灭正反粒子对，若其中一个落入黑洞，而另一个粒子失去了与它湮灭的伙伴，则有可能通过量子效应逃离黑洞，而辐射出来。后来，人们把黑洞辐射称为霍金辐射。

黑洞辐射是霍金继奇点定理之后又一个引人瞩目的工作，霍金对此是这样评述的："黑洞辐射的思想是第一个这样的例子，它以基本的方式依赖于本世纪两个伟大理论，即广义相对论和量子力学所作的预言。因为它推翻了已有的观点，所以一开始就引起了许多反对：'黑洞怎么会辐射东西出来？'当我在牛津附近的卢瑟福-阿普顿实验室的一次会议上，第一次宣布我的计算结果时，受到了普遍质疑。我讲演结束后，会议主席伦敦国王学院的约翰·泰勒宣布这一切都是毫无意义的。他甚至为此还写了一篇论文。然而，最终包括约翰·泰勒在内的大部分人都得出结论：如果我们关于广义相对论和量子力学的观念是正确的，那么黑洞必然像热体那样辐射。"

黑洞无毛定理：这个问题前面提到过，1973 年，霍金和卡特尔等人证明了黑洞无毛定理："无论什么样的黑洞，其最终性质仅由质量、角动量、电荷唯一确定。"即当黑洞形成之后，外部观察者只能感知这 3 个物理量，其他一切信息都丧失了，黑洞一词的命名者惠勒戏称这特性为"黑洞无毛"。

面积定理和黑洞的熵：20 世纪 70 年代初，霍金证明了面积定理，即"黑洞视界的面积不会减小"。1972 年，贝肯斯坦在面积定理启发下，提出："黑洞表面积相当于它的熵"。后来霍金和吉本斯证明了这一猜想，并利用它研究了黑洞动力学定律与热力学定律的相似性。热力学里一个系统的状态一般可以由两个基本参数来表征：温度和熵。热力学定律表述的正是其他宏观参量，如能量、体积或压强等，在系统的转换中如何作为温度和熵的函数而变化。与热力学相类似，一个黑洞的动力学状态也由两个参数来表征：一个是黑洞的面积，一个是表面引力，黑洞熵由其表面积给出，黑洞温度由其表面引力决定。

从 20 世纪 60 年代中期开始，随着克尔解的得出，中子星的发现和霍金奇点定理的证明，使大多数物理学家改变了观点，他们开始相信黑洞是有可能存在的，此后黑洞逐渐成为物理学中最热门的一个领域。目前，已有大量的与黑洞有关的书籍出版，在这些书中对 20 世纪 60 年代之后的黑洞研究都做了详细的介绍。考虑到上述情况，有关黑洞研究的第三阶段，以及其他人的研究工作就介绍到这里，下面转而介绍笔者的工作。

16.6 历史的巧合与命运的安排，在20世纪80年代笔者开始走上了质疑黑洞的道路

到此为止，我们已经对20世纪80年代之前的黑洞历史做了回顾，回顾黑洞研究的这段历史，不难发现，在黑洞问题上，存在两种不同的观点。

以爱因斯坦为代表的一派认为，黑洞如果存在，将与已有的物理规律相矛盾，而且，物理世界中不允许出现无穷大的奇点，因此，在真实的物理时空中没有黑洞。

以霍金等人为代表的另一派则认为，即只要广义相对论正确，奇点是不可避免，因此，物理学应该接纳奇点，接纳黑洞。彭罗斯还提出"宇宙监督假设"，这个假设的大意是：存在一个宇宙监督，它要求奇点只能呆在黑洞里，禁止裸奇点的出现。

回顾黑洞的历史，我们还发现，有关黑洞的研究工作大体上可分为两种类型。

其一，黑洞有哪些性质？

其二，黑洞是否存在？

黑洞的研究情况是，对第一类问题研究得比较多，以霍金的工作为例，黑洞的量子效应和霍金辐射、黑洞的面积定理、无毛定理、黑洞的熵和热力学性质等，均属于第一类工作，即假设黑洞如果存在，它有哪些物理性质。

而对第二个问题，即黑洞是否存在这一问题，研究得却很不充分。用霍金的话说："黑洞是科学史上极为罕见的情形之一，在没有任何观测到的证据证明其理论是正确的情形下，作为数学模型被发展到非常详尽的地步。"

这就是20世纪80年代，笔者刚接触黑洞时所看到的情景：一方面，大量的黑洞问题都已经被人研究过了，无论是施瓦西黑洞、克尔黑洞还是克尔-纽曼黑洞，人们做了大量的研究，奇点定理、无毛定理、面积定理等都已证明，黑洞的热力学性质、量子力学性质也已充分研究。另一方面，黑洞是否存在，这一问题却没有解决。

显而易见，黑洞是否存在这个问题是黑洞研究中最重要的一个问题，因为这个问题不解决，即使得出黑洞的许多性质，今后一旦得出黑洞并不存在，那么今天推导出的这些黑洞性质都将失去意义。因此，黑洞是否存在这一问题，应该是黑洞研究中首先解决的问题。换句话说，从米歇耳到霍金，黑洞研究已有200多年的历史了，黑洞到底存在还是不存在呢？这个问题已经到了必须解决的时候了。

不管是历史的巧合，还是命运的安排，20世纪80年代，笔者恰好在这一时期进入到黑洞研究领域。

1979年是爱因斯坦百年诞辰，这一年国内出版了一些关于爱因斯坦和相对论的书籍，笔者就是在这一年读了第一本有关相对论方面的书，由此对相对论产生了

浓厚的兴趣。笔者最初是怀着一种好奇和崇拜的心情，研读爱因斯坦有关相对论的著作，然而，随着研究的深入，由崇拜转向独立思考，再由独立思考到探讨怀疑，笔者怀疑相对论和黑洞是由一些偶然事件引起的。

导致笔者走上相对论研究这条路的直接原因与下面这件事有关。

1982年大学毕业后笔者留校继续攻读硕士，硕士论文研究的问题是理想流体的数值计算。在理想流体的数值计算中，经常会遇到计算结果趋于无穷大的情况，也就是所谓的数值发散。导致数值发散的原因是理想流体的流场中存在奇点。真实的流体运动中是没有奇点的，理想流体之所以出现奇点是因为理想流体理论把黏性作用忽略了。因此，作者硕士论文的一项主要任务就是研究如何解决理想流场数值计算中出现的奇点问题。

硕士毕业后开始攻读博士学位，由于博士论文的一项内容是研究钱学森猜想，因此笔者开始研究钱学森的著作，并注意到当时钱学森与中国科技大学的那位教师正在进行一场争论。这场争论对笔者影响很大，它把笔者带进了相对论研究这个领域，特别是对广义相对论的奇点问题产生了浓厚的兴趣。

刚研究完理想流体的奇点，又遇到广义相对论的奇点，于是很自然地把理想流体理论和广义相对论做了对比，结果发现这两个理论之间有许多相似之处。

首先，这两个理论研究的都是场论问题，理想流体理论研究的是流场，广义相对论研究引力场。

其次，这两个理论都是用一套优美的数学理论模拟物理问题。理想流体理论是利用数学里的位势理论研究流动。爱因斯坦提出了引力几何化，用黎曼几何研究引力。

再次，这两个理论都存在奇点问题，在理想流体理论中会遇到奇点，彭罗斯和霍金的奇点定理表明在广义相对论中奇点是不可避免的。

最后，在这两个理论中都存在一些令人困惑的问题，例如，在理想流体理论中有一个达朗贝尔疑难，在广义相对论中存在着黑洞和时空隧道等让人困惑的问题。

通过以上对比，笔者产生了一个联想：理想流体理论的奇点在真实的物理流动中不会发生，那么，广义相对论的奇点在真实的物理时空中能够存在吗？

如果我们对霍金的工作进行分析，不难发现，奇点定理是霍金工作的基础，奇点定理为黑洞和大爆炸宇宙学提供了理论依据，因此要评价霍金的工作，主要取决于如何评价奇点定理。

在1965—1970年之间，彭罗斯和霍金证明了几个奇点定理，他们的研究表明，无须依赖对称性假设，广义相对论的奇性在一定条件下是不可避免的，即只要爱因斯坦的广义相对论正确，并且因果性成立，那么任何有足够物质的时空，都至少存在一个奇点。毫无疑问，霍金对奇点定理的数学推导是正确的，但问题的关键是如何在物理上解释这个定理。

奇点定理实际上提出了一个问题，物理上究竟允许不允许出现无穷大，要回答这个问题，历史上的经验值得借鉴，在物理学的历史上，只要物理理论中出现无穷大，这个理论多半就是错误的。既然奇点定理得出在广义相对论中奇点是不可避免的，那么对奇点定理，笔者认为，还存在另一种解释，即在爱因斯坦的广义相对论中一定存在问题。

霍金等人认为，既然爱因斯坦广义相对论是正确的，根据奇点定理，奇点将不可避免，因此，研究奇点的物理意义是物理学的一个重要课题。基于这种观点，在过去的40多年里，与奇点相关的一些领域，例如黑洞、白洞、虫洞、时空隧道和大爆炸宇宙理论等成为广义相对论研究的主要问题。

而作者则认为，物理学的理论不应该出现无穷大，奇点定理实际上预示了广义相对论有问题，因此，找出广义相对论存在的问题，找到奇点产生的原因，对黑洞理论提出质疑，这才是广义相对论需要研究的问题。

总之，作者怀疑广义相对论和黑洞的一个主要原因是物理学的理论不应该出现无穷大。为什么物理理论中不允许出现无穷大呢？

下面我们用热力学定律来分析这一问题。

第17章　第二类永动机和热力学第二定律

在制造第一类永动机的尝试失败之后，人们开始研究在不违反能量守恒与转化定律的前提下，设计这样一种机器，它可以从单一热源不断提取热量，将其转化为功。这种机器如果能够制造出来的话，人们就可以在海洋上建造巨大的工厂，从海水中提取能量。这种能够从单一热源提取热量对外做功机械称为第二类永动机。显然，第二类永动机并没有违反能量守恒定律，即热力学第一定律，然而，它却违反了另一个物理定律，这就是热力学第二定律。

本章我们首先简要地介绍一下热力学第二定律，然后阐述隐含在这一定律中的一个重要的物理思想。

17.1　卡诺理想热机的循环过程

18世纪，第一台蒸汽机问世以后，人们对热机的研究，逐渐把注意力放在热机的效率问题上。经过许多人的改进，特别是纽科门和瓦特的工作，热机的效率提高了很多，但继续提高热机效率的途径何在，效率是否有上限，这些都是工程师关心的问题。

1824年，法国工程师卡诺（见图17-1）提出了著名的卡诺循环，建立了热机最大效率的理论循环模型，解决了上述两个问题。

卡诺. S.
图17-1

不仅如此，卡诺实际上已经发现了热力学第二定律。但由于受热质学说的影响，使他未能彻底认清这一工作的意义。尽管如此，卡诺的工作确实为热力学第二定律的发现作了准备。

这一年，卡诺发表了他的著名论文《关于火的动力及适于发展这一动力的机器的思考》，文中卡诺提出了在热力学中具有重要地位的卡诺定理，这个定理后来成为热力学第二定律的先导。在文章中卡诺写道：

“为了以最普遍的形式来考虑热产生运动的原理，就必须撇开任何的机构或任何特殊的工作物质来进行考虑，就必须不仅建立蒸汽机原理，而且要建立所有假想的热机的原理，不论这种热机里用的是什么工作物质，也不论以什么方式来运转它们。”[39]

卡诺的研究方法是撇开一切次要的因素，直接选取一个理想循环，卡诺首先做出如下假设：“设想两个物体 A 和 B，各保持于恒温，A 的温度高于 B；两者不论取出热或获得热，均不引起温度的变化，其作用就像是两个无限大的热质之库。我们称 A 为热源，称 B 为冷凝器。”然后卡诺进一步假设将一种弹性流体，例如理想气体，放入装有活塞的圆柱形容器中，利用活塞的运动形成一个理想的循环过程。

从这里不难看出，卡诺的理想循环是由两个等温过程和两个绝热过程组成的，等温膨胀时吸热，等温压缩时放热。气体经过一个循环，可以对外做功。卡诺由这个循环出发，提出了一个命题：“热的动力与用于实现动力的工作物质无关；动力的量唯一取决于热质在其间转移的两物体的温度。”

这就是卡诺定理的最初表述，用现代语言表述就是：热机必须工作在两个热源之间，热机的效率仅仅取决于两个热源的温度差，而与工作物质无关。在两个固定热源之间工作的所有热机，以可逆机效率最高。由此可见，卡诺当时已经认识到：“单纯提供热量，没有冷处放热，是不能够产生推动力的。”

卡诺还给出了理想热机的效率公式：

$$\eta = 1 - \frac{Q_2}{Q_1} \tag{17-1}$$

式中：Q_1 表示热机从高温热源吸收的热量；Q_2 是热机在低温出放出的热量。由于热机在工作中不断地从高温热源吸收热量，然后向低温热源放热，假设高温热源的温度为 T_1，低温热源的温度为 T_2，我们不难得出热机的效率还可以写成为

$$\eta = 1 - \frac{T_2}{T_1} \tag{17-2}$$

显然，式中低温热源的温度 T_2 要小于高温热源的温度 T_1，因此，热机的效率 η 一定是小于 1 的。卡诺认为，永动机是不可能的，这表明即使是理想热机，其效率也不可能达到 100%，即热量不能完全转化为功。

卡诺进一步指出。

(1) 在相同的高温热源和相同的低温热源之间工作的一切可逆热机，其效率都为 $\eta = 1 - \frac{T_2}{T_1}$，同工作物质无关。

(2) 在相同的高温热源和相同的低温热源之间工作的一切不可逆热机，其效率不可能达到可逆热机的效率。

以上两条统称为卡诺定理。卡诺对该定理的证明是根据热质守恒的思想和制造永动机的不可能性做出的。

卡诺的研究离得出热力学第二定律只有一步之遥，但由于他把热质学说与机械功联系在一起，因此，他最终没有给出热力学第二定律，恩格斯在《自然辩证法》中对此是这样评价的："他差不多已经探究到问题的底蕴，阻碍他完全解决这个问题的，并不是事实材料的不足，而只是一个先入为主的错误理论。"

从卡诺理想热机可以看出，如果热机工作时不需要向低温热源"放热"，即式(17-1)中放出的热量 Q_2 等于零，也就是说，热机只需要一个热源就能工作，那么，这种热机的工作效率将达到 100%。

$\eta = 100\%$ 的热机并不违反能量守恒定律，如果能够制造出这种热机，人类就可以从海水、土壤和空气中提取能量，这实际上等于有了另一类永动机，即第二类永动机。然而无数次的失败告诉人们，制造第二类永动机是不现实的，这个事实使人们意识到，有关热现象除了应该遵循热力学第一定律外，还应该遵循其他的规律，这个规律涉及热过程的方向性，这最终导致了热力学第二定律的提出。

17.2　热力学第二定律的两种说法

自然界中关于热现象的过程有多种多样，因此，对于热力学第二定律也有各种说法，其中比较著名的有两个，一个是克劳修斯(见图 17-2)的表述；另一个是开尔文的说法。

对卡诺理论的最早修正是由德国物理学家克劳修斯做出的。1850 年，克劳修斯在《物理化学年鉴》上发表了《关于热动力》的论文，在这篇文章中，克劳修斯对卡诺定理作了详尽的分析。

他证明在卡诺循环中，"有两种过程同时发生，一些热量用去了，另一些热量从热体转到冷体，这两部分热量与所产生的功有确定的关系。"

"热总有平衡温度的倾向，因而它总会从较热的物体传到较冷的物体。所以，看起来，我们可以在理论上保留卡诺假定的第一部分，这实际上是它的主要部分，并将它作为热力学的第二原理，以与第一原理配合使用。我们即将看到，这种方法的正确性，已由许多情况的结果所证实。"

图 17-2　克劳修斯

就这样，克劳修斯通过对卡诺工作的改进，首次提出了热力学第二定律。1854年，克劳修斯又发表了《热的机械论中第二个基本理论的另一形式》，在这篇文章中，他对热力学第二定律做了更明确的阐述：“热永远不能从冷的物体传向热的物体，如果没有与之联系的、同时发生的其他的变化的话。”

这就是沿用至今的关于热力学第二定律的克劳修斯表述。

热力学第二定律的另一种表述，是由汤姆逊（见图17-3），即后来的开尔文男爵，独立与克劳修斯提出来的，1851年，汤姆逊连续发表了三篇文章，题目是《热的动力理论》，文中提出了一个公理：“利用无生命的物质机构，把物质的任何部分冷到比周围最冷的物体还要低的温度以产生机械效应，是不可能的。”

汤姆逊还论证了克劳修斯的工作与他的工作是等价的，汤姆逊写道：

图17-3 汤姆逊（开尔文勋爵）

“克劳修斯证明所依据的公理如下：一台不借助任何外界作用的自动机器，把热从一个物体传到另一个温度更高的物体，是不可能的。

容易证明，尽管这一公理与我所用的公理在形式上有所不同，但它们是互为因果的，每个证明的推理都与卡诺原先给出的严格类似。”

现在，人们通常把汤姆逊的说法表述为：不可能从单一热源取热，使之完全变为有用功而不产生其他影响。

由汤姆逊的表述可以直接得出：第二类永动机是不可能制造出来的。这是热力学第二定律的又一表述形式。

尽管热力学第二定律有两种不同的表述，但它们是彼此等价的。这个定律表明，热和功之间的转化是不对称的，功转化为热的过程，可以独立自发地进行，而且功可以全部变为热；但反过来是不成立的，热不能全部、自发地转化成功。

由此可见，这两种不同的表述，实际上都涉及不可逆过程的方向和限度问题，它们揭示出一个共同的规律：在一切与热有联系的现象中，自发实现的过程都是不可逆的。于是人们自然会提出这样的问题，如何来判别过程的可逆或不可逆呢？从这个问题便引出了热力学第二定律的数学表述。

17.3 热力学第二定律的数学表述

为了更准确地表达热力学第二定律，1854年克劳修斯引入了一个新的概念——熵，从而使热力学第二定律获得了统一的数学表达式。最初，克劳修斯引入熵的概念，只是希望用一种新的形式，去表示一个热机在其循环过程中所要求具备的条件。

从卡诺热机的效率公式，即式(17-1)和式(17-2)，可得

$$\eta = 1 - \frac{Q_2}{Q_1} = 1 - \frac{T_2}{T_1} \tag{17-3}$$

由式(17-3)可以得出一个关系式：

$$\frac{Q_1}{T_1} + \left(\frac{-Q_2}{T_2}\right) = 0 \tag{17-4}$$

这个公式给出了卡诺循环所满足的条件，式中在热量前面加上一个负号表示放热。克劳修斯在此基础上得出对于任意闭合的可逆过程都有

$$\oint \frac{\mathrm{d}Q}{T} = 0 \tag{17-5}$$

根据上式可以定义：

$$\mathrm{d}S = \frac{\mathrm{d}Q}{T} \tag{17-6}$$

式中的 S 是一个状态函数，因为绕一个闭合路径的 $\mathrm{d}S$ 的环路积分为零，克劳修斯根据这一性质对 S 做出了定义，这就是熵。克劳修斯还对熵进行了研究，得出

$$\mathrm{d}S \geqslant 0$$

等号适用于可逆过程，不等号适用于不可逆过程，这就是克劳修斯的熵增定律。

克劳修斯提出熵和熵增定律后，科学界很快就接受了这一概念。由于熵和熵增定律看起来已经从数学表述和物理概念方面，对此前形成的热力学第二定律的两种表述做出了很好的证明，同时还说明了由于存在熵的增加，所以，热机效率不可能达到100%。但是，后来人们发现对于熵概念的解释还存在问题，由于在克劳修斯的工作中，熵没有像其他物理量那样通过“可以观察”进行直接定义，而是以热量与温度之商给出定义的，因此，熵的物理意义使人感到难以理解，而后来的发展表明，熵这一概念的物理意义要比原先所预想的更为深刻。于是，物理学家们开始研究热力学第二定律以及关于熵的物理解释。

1872—1877 年，玻尔兹曼将熵与分子无规则运动的概率描述联系起来，提出了著名的熵定理，指出熵与热力学概率的对数成正比，玻尔兹曼的工作促进了统计物理学的发展。

对熵和热力学第二定律的另一种解释是普朗克给出的。普朗克认为热力学第

二定律表明，自然界中存在一种量，在一切自然过程中，这种量总是在同样的意义上变化，可逆过程和不可逆过程需要一个充分必要的判据。而熵，就是这种“热力学可能性”的量度。普朗克的解释与玻尔兹曼的观点实际上是相同的。

由于熵和热力学第二定律的数学表述在本书后面并不涉及，因此，这里就不做进一步的介绍了。

最后，对“熵”这个名称的中文由来做一点说明。1923 年，普朗克来中国南京讲学，物理学家胡刚复教授为其做翻译。在普朗克讲到“entropy”时，当时中文中没有与此相对应的名词，胡教授根据 $dS = dQ/T$，认为 S 是热量与温度之商，而热量与火有关，于是在商字旁边加上一个火字旁，创造出一个新字“熵”。此后，“entropy”就被翻译成熵，一直沿用至今[82]。

17.4 隐含在热力学第二定律中的一个重要思想

虽然热力学第二定律提出已有 100 多年了，但物理学家对这个定律物理意义的解释还存在许多疑惑。例如，著名物理学家普利高津在《熵是什么?》一文中写道：“热力学第二定律在它建立了一百五十年之后，看起来仍然像是一个发展规划，极其不像是一个通常含义下已经完善的理论，因为对于熵的产生来说，除了给出符号之外，严格地说就什么也没有讲，甚至于连不等式的有效范围也没有确定。”[83, 84]

普利高津的这段话说明，在热力学第二定律中还有许多深刻的内涵需要我们去发掘。

我们知道，所谓第二类永动机就是热效率为 100%的热机，由式(17 - 7)不难看出：

$$\eta = 1 - \frac{T_2}{T_1} \tag{17-7}$$

如果让热机的效率达到 100%，即式(17 - 2)中的 $\eta = 1$，只有两种方法。

第一种方法，高温热源的温度 T_1 等于无穷大。

第二种方法，低温热源的绝对温度 $T_2 = 0$

由此可见，第二类永动机如果存在，只有两种可能：

第一种可能，在物理空间的某一区域其温度为无穷大，以这一区域作为高温热源，可以制造出第二类永动机。

第二种可能，在物理空间的某一区域其绝对温度为零，以这一区域作为低温热源也可以制造出第二类永动机。

根据热力学第二定律,第二类永动机是不存在的,因此,热力学第二定律实际上告诉我们,上面两种可能性都是不能实现的。

换句话说,在热力学第二定律中包含这样一种思想:在物理空间的任一区域或任一物体,其温度不可能达到无穷大;在物理空间的任一区域或任一物体,其绝对温度也不可以等于零。

物体的绝对温度不可以等于零,这是 1912 年能斯特从能斯特定理中得出的一个结果,并把它称为热力学第三定律。关于热力学第三定律,由于与本书后面讨论的内容无关,对此就不做进一步的讨论了。

通过上面讨论我们不难得出,如果把“物体的绝对温度不可以等于零”称为热力学第三定律,那么,在热力学第二定律中就可以把这种情况排除掉,于是,第二类永动机不存在这句话还可以表述为

在物理空间的任一区域或任一物体,其温度不可能达到无穷大。

这就是隐含在热力学第二定律中的一个重要思想。

17.5　对热力学第一定律和第二定律的物理解读

到目前为止,我们已经对热力学第一定律、第二定律做了介绍,下面做一小结,谈谈对这两个定律的看法,即用通俗的语言对它们进行物理解读。

我们知道,每一个物理规律实际上都是在向自然界说“不”,对自然界进行限制,告诉人们在自然界中哪些现象是违反了自然规律,是不允许发生的。

例如,狭义相对论的规律告诉人们,在自然界中任何物体的运动速度是不可以超越光速的。

量子力学的规律告诉人们,不可能同时测准一个粒子的位置和动量。

热力学第一定律、第二定律是物理学的重要规律,那么,这两个规律对自然界提出了哪些限制呢?

我们认为,如果用通俗的语言讲,热力学第一定律告诉人们,任何物体都具有能量,物体运动过程中能量是守恒的,也就是说,在自然界中不允许出现超越物体能量上限的事情发生。对于任意一台机器来说,它对外所做的功不可能超过它的输入能量。在自然界中不存在这样的机器:不需要输入能量就可以对外做功,或者说,只需要输入很少的能量就可做出很多的功。这就是为什么制造不出来第一类永动机的原因,因为它违反了能量守恒规律。星球的引力场也具有能量,它可以把物体从远处吸引到星球的表面。但任一星球的引力场都不具有这样的能力(能量),使物体下落到星球表面时的速度大于或等于光速,因此,任一星球都没有能力对以光速运动的粒子进行约束,这就是为什么宇宙中没有黑洞,即任一星球的逃逸

速度一定要小于光速的原因。

由此可见，第一类永动机和黑洞非常相似，它们之所以都不存在，原因就在于它们都违反了能量守恒规律，即热力学第一定律。

热力学第一定律告诉我们任何物体都具有能量，物体在运动的过程中能量守恒，热力学第二定律则进一步告诉我们，任何物体的能量不可以达到无穷大。

如果一个物体的内能，即温度等于无穷大，我们就可以利用这个物体作为高温热源，制造出第二类永动机，这显然违反了热力学第二定律。从能量相互转化的角度看，物体的内能不等于无穷大，那么，任意物体的动能，以及物体的速度也不可以等于无穷大，因为，动能可以全部转化为热能，如果一个物体的动能为无穷大，那么，动能全部转化为内能时，内能也会无穷大，这就违反了热力学第二定律。

由于物体的内能和动能都不能等于无穷大，由此我们又得出，任意物体的能量不可以等于无穷大。爱因斯坦相对论的质能公式告诉我们，质量和能量之间存在着等价关系，由物体的能量不能等于无穷大，我们可以进一步得出，任意物体的质量，以及密度等物理量也不可以等于无穷大。

总之，物理学不接受无穷大，这是物理学家普遍认同的一个观点，只要物理理论得出无穷大的结果，通常人们都会认为，这个理论有问题，或这是一件在物理世界中不可能发生的事情。

例如，在黑体辐射的瑞利-金斯公式中出现了无穷大的结果，这就是历史上著名的“紫外灾难”，普朗克由此断定瑞利-金斯的公式有问题，正是在对“紫外灾难”的研究中，普朗克创立了量子理论。

在爱因斯坦狭义相对论中有一个公式，即相对论的质量公式：

$$m=\frac{m_0}{\sqrt{1-\frac{u^2}{c^2}}}$$

从这个公式不难看出，当速度 u 等于光速时，质量就会等于无穷大，爱因斯坦由此得出，任意物体在运动时，其速度不能等于光速。

然而，爱因斯坦广义相对论建立后，人们很快发现在广义相对论中存在奇点，即存在着无穷大的结果。为什么广义相对论中会出现奇点呢？这个问题一直困扰着物理学家，于是，他们把这一问题称为广义相对论的“奇点困惑”。

在广义相对论的奇点中，施瓦西奇点是最先被发现、最为著名的奇点。1916年，爱因斯坦广义相对论刚建立，施瓦西便求出了爱因斯坦场方程的一个解析解，即施瓦西解，在这个解中包含了一个无穷大的结果，当时称为施瓦西奇点，也就是今天所说的施瓦西黑洞。这个结果表明，如果施瓦西黑洞存在，在物理时空中必然会出现无穷大的结果。

既然，物理理论中不应该出现无穷大，而广义相对论偏偏推导出了奇点，这个结果预示了在爱因斯坦的理论中一定存在错误，那么，爱因斯坦相对论错在哪里呢？

第18章　广义相对论中奇点产生的原因以及黑洞不存在的第三个理由

在《相对论的悖论与爱因斯坦的失误》中，讨论了狭义相对论中的错误，本书又讨论了广义相对论及其宇宙学存在的问题，下面把这两部分联系起来，论述爱因斯坦理论在总体设计上存在的问题。

18.1　爱因斯坦相对论在总体设计上存在错误

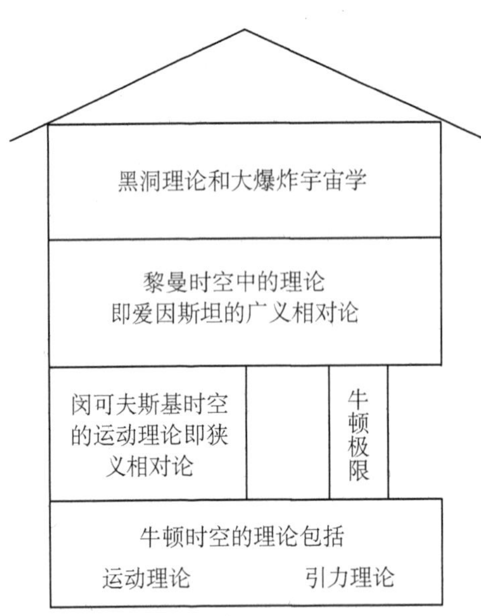

图18－1　爱因斯坦的相对论大楼

爱因斯坦在《什么是相对论》一文中曾将相对论比喻为一座楼，楼下是狭义相对论，楼上是广义相对论。现在我们借用爱因斯坦的这个比喻，把包含牛顿力学，狭义相对论、广义相对论，以及建立在广义相对论上面的黑洞理论和大爆炸宇宙理论，看成一座大楼，通过对这座大楼的分析，进而指出爱因斯坦相对论的错误（见图18－1）。

首先，这座大楼的第一层是关于牛顿时空的理论——牛顿力学。它包括两部分内容：

（1）以牛顿第二定律为基础的牛顿运动理论。

（2）以牛顿万有引力公式为核心的牛顿引力理论。

牛顿力学辉煌了200多年，到19世纪末，牛顿力学的局限性开始显现出来，其中一个局限性是牛顿力学只能用于低速，当速度接近光速时牛顿力学就不再适用了。为了弥补这一缺陷，爱因斯坦在牛顿力学的基础上建立了狭义相对论，狭义相对论就是这座大楼的第二层。

牛顿力学由两部分构成，狭义相对论是牛顿力学的推广，理论上讲也应该由两部分构成，即狭义相对论的运动理论和引力理论。然而在爱因斯坦的时代，人们只知道对称性的重要，对称性破缺的概念还没有形成，由于这个原因，爱因斯坦只把牛顿第二定律推广到相对论，而没有推广万有引力定律。

换句话说，爱因斯坦只完成了狭义相对论的一半，在另一半尚未完成的情况下，就开始建造这座大楼的第三层了。

这座大楼的第三层是关于黎曼时空的理论，即爱因斯坦广义相对论。由于闵可夫斯基时空的理论不完整，爱因斯坦的广义相对论只能一半建立在狭义相对论的基础上，而另一半靠一根支柱的支撑，将其支撑在牛顿力学的基础上，这根支柱就是牛顿极限。

广义相对论完成后，人们用广义相对论研究宇宙，又建立了黑洞理论和宇宙大爆炸理论，这就是这座大楼的第四层。

这就是今天展现在我们面前的爱因斯坦的相对论大楼。从图 18－1 可清楚地看到，爱因斯坦大楼的总体设计存在问题，问题就出在牛顿极限上，牛顿极限这根柱子导致了爱因斯坦建造的这座大楼是不牢固的。

换句话说，牛顿极限是隐藏在爱因斯坦相对论中的一个错误。这个错误导致了爱因斯坦的广义相对论不是真正准确的相对论理论，而是一个近似理论，当把广义相对论用到它的适用范围之外时，便得出了错误的结果。

正确的相对论理论应该是非爱因斯坦相对论，非爱因斯坦相对论的大楼如图 18－2 所示。对比图 18－1 和图 18－2，不难发现这两个理论体系的主要差别在于：非爱因斯坦狭义相对论比爱因斯坦的理论多了一个引力理论，有了这个理论，广义相对论就可以完全建立在狭义相对论的基础上，这样建立的广义相对论才是真正准确的相对论理论，爱因斯坦理论面临的“奇点困惑”，在非爱因斯坦相对论中将不复存在。

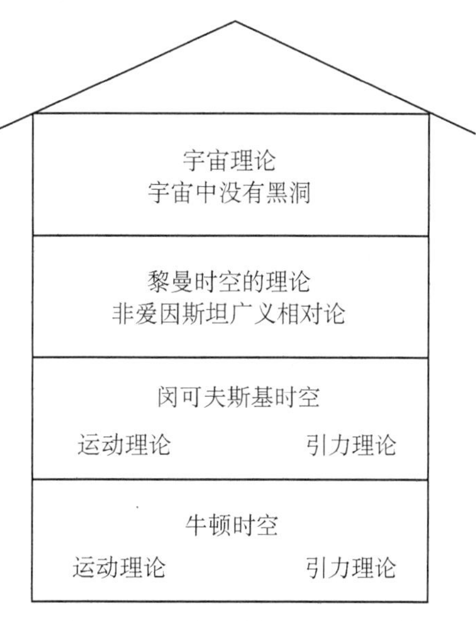

图 18－2　非爱因斯坦相对论大楼

为了便于理解上述观点，下面我们以广义相对论的场方程为例，说明爱因斯坦理论存在的错误。广义相对论的场方程的物理意义如果用文字表述：

时空曲率 = 能量动量

把场方程写成上面这种形式我们没有异议，但对场方程的解释，我们的观点却与爱因斯坦完全不同。

爱因斯坦认为，引力不是力，广义相对论的场方程是一个几何方程，它反映了时空弯曲的几何效应；由于引力不是力，狭义相对论中没有引力理论，因此，在场方程的推导中，爱因斯坦只能使用牛顿极限，即把广义相对论的结果与牛顿力学的结果相匹配，爱因斯坦用上述方法得到的场方程不是准确的方程。

我们认为，自然界中存在 4 种基本的相互作用，引力作用是其中之一，其他几种相互作用：电磁力、强力和弱力，都是用力来表述，因此，引力也是一种力。关于引力我们的观点与爱因斯坦完全相反，不是时空弯曲产生引力效应，而是引力作用导致了时空弯曲。由于引力是力，所以在狭义相对论中存在一个引力理论；建立广义相对论的正确方法应该按照图 18 - 2 所提示的那样。

首先把牛顿引力理论推广到狭义相对论，即在闵可夫斯基时空建立一个引力理论，然后，再推导广义相对论的场方程，这样在场方程的推导过程中就可以使用闵可夫斯基极限，让广义相对论的结果与狭义相对论的结果相匹配，用这种方法得到的场方程才是准确的引力场方程。

为了说明上述两种方法的区别，下面我们举一个例子。

18.2 爱因斯坦广义相对论中奇点产生的原因

广义相对论的奇点，以及与奇点密切相关的黑洞和白洞，听起来很神秘，实际上与此类似的问题在理想流体力学中早已存在。学过流体力学的人一定知道，在欧拉的理想流体理论中也存在着奇点，其中有一种奇点叫点汇。

所谓点汇是指流体从四面八方均匀地流向空间一个奇点，这个奇点就是点汇。以点汇为中心，以 r 为半径的球面上，流体以同样的速率流向奇点。由于流动是球对称的，只有 r 方向的速度分量。因此，理想流体理论所描述的点汇附近的流动情况是：在点汇周围的流体都沿着径向、源源不断地流进了奇点。

在流体力学里，流体质点沿着流线运动；在广义相对论中物体沿着测地线运动。如果把理想流体力学中点汇附近的流线分布与施瓦西黑洞附近的测地线分布做一对比，不难发现两者非常相似。在理想流体力学里，流体沿着径向源源不断地流进了奇点；而在广义相对论里，物质都沿着径向掉进了黑洞的中心。因此，我们完全有理由把理想流体力学的点汇与广义相对论的黑洞联系起来。

在理想流体力学中除了点汇之外，还有一种奇点叫作点源。点源与点汇的区别在于，在点汇周围所有的流体都流进了奇点；而点源则是流体从奇点不断地流出来。由此不难看出，点源的性质与广义相对论的白洞非常相似。

黑洞类似于点汇，白洞类似于点源，这绝非偶然，两者之间一定存在某种联系，因此，在研究广义相对论的黑洞和白洞，先了解一些有关理想流体力学中的奇点是如何产生的十分必要。

虽然利用欧拉的理想流体力学理论可以得出奇点存在，并推导出点汇和点源。但大家都知道，在真实的流场中，点源和点汇这两种奇点都不会出现。因为，欧拉的理想流体理论描述的不是真实的流体运动，真实的流体是有黏性的；而欧拉方程描述的是一种没有黏性的、理想化的流体运动。

如果用 Eu 代表欧拉方程左端的公式，那么，我们可以把理想流体力学的欧拉方程简写为

$$Eu = 0 \tag{18-1}$$

由于真实的流体有黏性，因此，描述真实流体运动的方程不是欧拉方程(18-1)，而是纳维-斯托克斯方程，纳维-斯托克斯方程是在欧拉方程的基础上又增加一些黏性项。在流体力学里，黏性项与雷诺数 Re 有关，因此，描述真实流体运动的纳维-斯托克斯方程可简写为

$$Eu = O(Re) \tag{18-2}$$

通过比较欧拉方程与纳维-斯托克斯方程，我们可以得出如下结论：由于真实的流体有黏性，用纳维-斯托克斯方程描述的流场中是不会出现奇点的。欧拉方程之所以出现奇点，原因是在欧拉方程中把与雷诺数有关的黏性项全都忽略了，这就是理想流体力学中出现奇点的原因。

对物理问题进行研究，量纲分析是一种很有效的方法，如果我们用量纲分析的方法对流体力学方程进行处理，将方程写成无量纲的形式，便不难发现，在流体力学的方程中会出现一些无量纲参数，这些参数对于流体力学来说是非常重要的。例如，在黏性流体力学的方程中有一个无量纲参数雷诺数 Re，利用无量纲参数可以对流体力学问题进行定性的研究。如果我们研究一个黏性流体力学问题，得到的结果中没有雷诺数；无须做具体的计算，我们就可以判断这样的结果一定有问题。

广义相对论研究的是引力问题，引力场方程中也应该包含一个表示引力强弱的无量纲参数 C_g。对于一个质量为 M，半径为 r 的星球，引力参数 C_g 的定义为

$$C_g = \frac{2GM}{rc^2}$$

C_g 数值越大表明星球引力场越强。然而，当我们把广义相对论的场方程写成无量纲形式后发现，在爱因斯坦的场方程中竟然没有无量纲引力参数 C_g，以真空场方程为例，爱因斯坦的真空场方程为

$$R_{\mu\nu} = 0 \tag{18 - 3}$$

用爱因斯坦广义相对论研究某一天体周围的引力场，不管这个天体的引力场是一个像地球这样极弱的引力场，还是白矮星或中子星的引力场，或是类星体那样极强的引力场，爱因斯坦理论都用同一个方程(18 - 3)进行研究，由于式(18 - 3)中没有反映引力强度的引力参数 C_g，因此，从爱因斯坦场方程中我们看不出以上几个引力场有什么不同。

引力场方程中找不到引力参数 C_g，这就好比黏性流体力学方程中没有雷诺数一样。因此，在爱因斯坦的理论中一定缺少某个重要的东西，正确的真空场方程其形式应该是：

$$R_{\mu\nu} = O(C_g) \tag{18 - 4}$$

在《相对论探疑》一书中我们论证了，只要用闵可夫斯基极限代替牛顿极限，广义相对论的真空场方程就可以写成式(18 - 4)的形式。求解这个方程，可得

$$\mathrm{d}s^2 = c^2\exp\left(-\frac{2GM}{rc^2}\right)\mathrm{d}t^2 - \exp\left(\frac{2GM}{rc^2}\right)\mathrm{d}r^2 - r^2\mathrm{d}\theta^2 - r^2\sin^2\theta\mathrm{d}\phi^2 \tag{18 - 5}$$

在式(18 - 5)中，施瓦西奇点已不复存在，这表明用闵可夫斯基极限代替牛顿极限后，广义相对论的奇点便可以消除。

18.3 黑洞不存在的第三个理由

以上研究表明，在爱因斯坦的场方程中丢失了一些与引力场强度 C_g 有关的项。为什么会丢失这些项呢？原因在于在相对论中，爱因斯坦只考虑了对称性，完全忽略了非对称性，这就导致了爱因斯坦的理论是一个不完善或不完整的理论，其具体表现如下。

首先，爱因斯坦狭义相对论中缺少一个重要理论——引力理论，因此也缺少了引力场中的能量守恒方程，这就是为什么爱因斯坦的理论与能量守恒规律相矛盾的原因。

其次，狭义相对论的不完善，进而导致爱因斯坦的广义相对论实际上只是一个近似理论。在《黑洞探疑》一书中，笔者以引力红移公式为例，分析了广义相对论的适用范围，如图 18 - 3 所示[1]。

在图 18－3 中，横坐标为 C_g，纵坐标为 Z_N 和 Z_M，其中虚线为用牛顿极限得出的引力红移公式 Z_N，实线为用闵可夫斯基极限得出的结果 Z_M。从图 18－3 可以清楚地看到，在 $C_g<0.3$ 的范围内，用牛顿极限得到的结果与用闵可夫斯基极限得出的结果，两者非常接近，这表明，爱因斯坦广义相对论在 $C_g<0.3$ 的范围内是适用的，但超出了这一范围就会得出错误的结果。

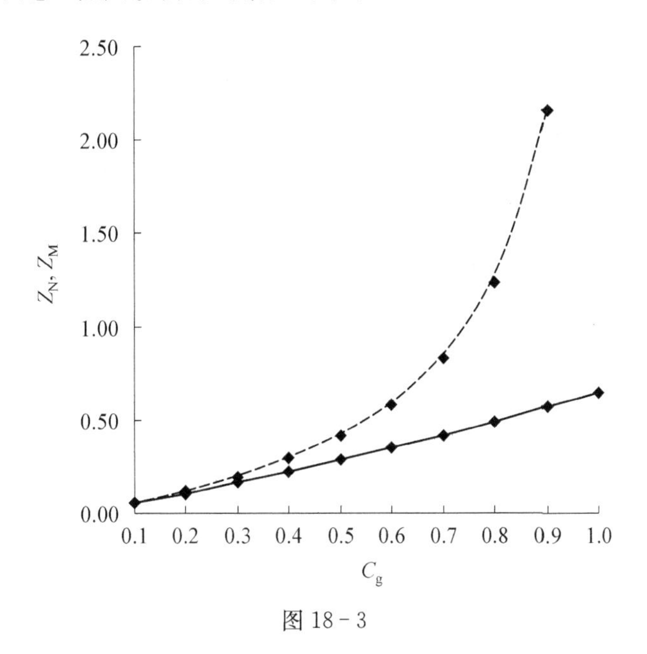

图 18－3

第三，把广义相对论用到极强的引力场，即 C_g 大于或等于 1 时，Z_N 趋于无穷大，由于物理理论不应该出现无穷大的结果，这表明，爱因斯坦广义相对论在 C_g 大于或等于 1 时，将导致错误的结果。

出现这个错误的原因在于，爱因斯坦的广义相对论和欧拉的理想流体理论属于同一类型的理论，即它们都是理想化、数学化的理论，这两个理论所描述的现象都不是真实的物理现象，真实的物理问题不应该出现无穷大的奇点。理想流体理论之所以产生奇点，原因是在欧拉方程中把与雷诺数有关的黏性项丢失了；广义相对论之所以出现奇点，是因为在爱因斯坦场方程中把与引力场强度有关的项弄丢了。

这里我们还需要补充一点，对于广义相对论的场方程，爱因斯坦曾经把它比喻为一个大楼，这座大楼的一半是用精美的大理石建成的，另一半却是用低质量的木料(low-grade wood)建造的。用大理石建造的那一半是方程的左端，即描述时空结构的优美的几何量；而低质量的木料建造的那一半是方程的右端，也就是描述物质分布的能量动量张量。为什么爱因斯坦说这部分是用劣质木料建成的呢？因为，在自然界中，物质的分布种类繁多，物态方程也千差万别，找不到一个普适的能量动量张量来描述所有已知的物质分布。正是由于问题的高度复杂性，我们关于能量动量张量的知识又是极其的贫乏，在这种情况下，没有人能够给出一个具有普适性的能量动量张量。因此，爱因斯坦把场方程的右端比喻成用低质量木料建成的。

1940年，爱因斯坦在一次报告中说："还不能断言，广义相对论中今天可看作是定论的那些部分，已为物理学提供了一个完整的和令人满意的基础。首先，出现在它里面的总场是由逻辑上毫无关系的两部分，即引力部分和电磁部分所组成的。其次，像以前的场论一样，这理论直到现在还未提出一个关于物质的原子论性结构的解释。"

以上这些充分地说明，爱因斯坦对广义相对论有着非常清醒的、理性的认识，他对这个理论并不满意。关于这个问题，在他的私人通信中表述得更加清楚。1949年3月28日，在爱因斯坦70岁生日时，他给朋友索洛文的信中是这样写的：

"你一定想象我在此时此刻一定以满意的心情来回顾我一生的成就。但是，仔细分析一下，却完全不是这么一回事。我感到在我的工作中没有任何一个概念会很牢靠地站得住的，我也不能肯定我所走的道路一般是正确的。"[27]

了解了爱因斯坦的以上观点，我们就不难理解爱因斯坦下面的做法了。虽然黑洞是用爱因斯坦广义相对论推导出来的一个结果，但爱因斯坦并不认为这个结果是正确的，1939年爱因斯坦还专门写了一篇文章，论证在真实的物理时空中是不存在施瓦西黑洞的。今天，一些宇宙学家在宣讲黑洞和大爆炸宇宙理论的时候，都打着爱因斯坦的招牌，实际上爱因斯坦是反对这些观点的。

换句话说，在对待广义相对论的奇点问题上，钱学森的观点和爱因斯坦是完全一致的，关于这一点在此有必要再强调一下。

总之，黑洞不存在的第三个理由是：物理学不接受无穷大，广义相对论的奇点是由牛顿极限这个错误造成的，用闵可夫斯基极限代替牛顿极限后，广义相对论的奇点便可以消除。这个结果进一步说明黑洞理论是错误的，黑洞如果存在，将违反物理学的另一个基本规律——热力学第二定律。

第19章 总结：爱因斯坦理论的三处错误以及黑洞不存在的三个理由

受钱学森思想的影响，30多年前，笔者开始系统地学习了马克思主义哲学，并用辩证逻辑的思想方法研究爱因斯坦相对论及其宇宙理论，现在，把多年的研究结果整理出来，便得出本书的结论。

19.1 爱因斯坦理论的三处错误和黑洞不存在的三个理由

本书的研究表明，爱因斯坦理论有三处错误。

1）从哲学上看，爱因斯坦理论违反了对立统一规律

在相对论中爱因斯坦只考虑了矛盾的一个方面——对称性，完全忽略了矛盾的另一方面——非对称性，由此导致爱因斯坦的相对论是一个不完整的理论，其具体表现为：在狭义相对论中缺少引力理论。

2）从物理上看，爱因斯坦的理论违反了能量守恒规律

由于狭义相对论中没有引力理论，由此导致爱因斯坦的理论中缺少一个重要方程，即相对论引力场的能量守恒方程，因此，爱因斯坦的理论可以得出与能量守恒规律相矛盾的结果。

3）从数学上看，牛顿极限是隐藏在广义相对论中的一个错误

由于狭义相对论中没有引力理论，在广义相对论场方程的推导中，爱因斯坦不得不使用了一个牛顿力学的公式——牛顿极限，牛顿极限是闵可夫斯基极限的二级近似，牛顿极限这一错误又进一步导致了爱因斯坦广义相对论只是一个近似理论，当把广义相对论用到其适用范围之外时，就会得出一个错误的结果——黑洞。

宇宙中没有黑洞，黑洞这个错误是由下述原因造成的。

（1）黑洞是由牛顿力学引出的一个错误结果。拉普拉斯黑洞是由牛顿力学引起的一个错误结果，由于牛顿理论中没有考虑质量随速度的变化，因此，牛顿力学的速度公式是不可以用到大于光速的地方，当把牛顿速度公式用到 $c \leqslant u$ 的地方，或者说，把牛顿引力理论用到 $R \leqslant \frac{2GM}{c^2}$ 的强引力场，或把牛顿力学的势函数 φ 用到 $1+\frac{2\varphi}{c^2} \leqslant 0$ 的范围，就会导致黑洞这一错误结果的产生。虽然用牛顿力学可以推出拉普拉斯黑洞，但是牛顿力学的结果并不正确，在真实的物理时空中并不存在拉普拉斯黑洞。

广义相对论之所以推导出黑洞，原因在于广义相对论中隐含着牛顿力学的速度公式。由于广义相对论的施瓦西解在其求解过程中使用了牛顿极限公式，从而把牛顿引力势 φ 包含在施瓦西解中，当把施瓦西解用到强引力场时，就会导致黑洞的出现。广义相对论的施瓦西黑洞，实际上就是牛顿力学中的拉普拉斯黑洞。它们都是由同一原因造成的，即把牛顿力学的 φ 用到 $1+\frac{2\varphi}{c^2} \leqslant 0$ 的范围，施瓦西黑洞和拉普拉斯黑洞都是这样推导出来的。

由于拉普拉斯黑洞在物理上是错误的，因此，施瓦西黑洞也是错误的。

(2) 黑洞如果存在，必然违反能量守恒规律。能量守恒规律告诉人们，物体运动过程中能量是守恒的，在自然界中不允许出现超越物体能量上限的事情发生。对于任意一台机器来说，它对外所做的功不可以超过它的输入能量，这就是为什么制造不出来永动机的原因。星球的引力场也具有能量，它可以把物体从远处吸引到星球的表面，但任一星球的引力场都不具有这样的能力(能量)，使物体下落到星球表面时的速度大于或等于光速，因此，任一星球的逃逸速度一定要小于光速，即任一星球都没有能力对以光速运动的粒子进行约束，这就是为什么宇宙中没有黑洞的原因。

(3) 物理学不接受无穷大，黑洞如果存在，将违反热力学第二定律。爱因斯坦广义相对论和欧拉的理想流体理论属于同一类型的理论，它们都不是真实的物理理论，而是理想化、数学化的理论。这种理论都有一个适用范围，在适用范围内使用可以得出正确的结果，例如，用欧拉方程研究升力问题可以给出与实验相符合的结果；在 $C_g < 0.3$ 的情况下使用爱因斯坦广义相对论，也能得出正确的结果。但是，如果超出了适用范围就会得出错误结果，理想流体中的达朗贝尔疑难和广义相对论的黑洞，都属于这样的错误。

理想流体理论之所以产生奇点，原因是在欧拉方程中把与雷诺数有关的黏性项丢失了；广义相对论之所以出现奇点，是因为在广义相对论场方程推导中使用了牛顿极限，从而把场方程中与引力场强度有关的项弄丢了。用闵可夫斯基极限代替牛顿极限后，广义相对论的奇点便可以消除。这个结果进一步说明了黑洞理论是错误的，黑洞如果存在，将违反物理学的一个基本规律——热力学第二定律把上述两个结果合在一起，也可以说：黑洞如同永动机一样，如果存在将违反物理学的基本规律——热力学第一定律或热力学第二定律。

19.2　有关黑洞实验的简要说明

最后，我们有必要对有关黑洞实验方面的问题做一简要说明。

在过去的几十年里，一些物理学家用实验观测的方法在宇宙中寻找黑洞，并列出了若干个天体作为黑洞的候选者。而且，作为黑洞的候选者的天体数量还在不断增加，近年来一些科研机构还在不断地发布消息，宣布观测到了新的黑洞。

例如，2010 年 11 月 15 日美国宇航局宣布，研究人员在距地球大约 5 000 万光年的太空，发现了一个 30 岁左右的黑洞，可能是人类发现的最年轻的黑洞。对于这类新闻发布会，需要提醒读者注意，在发布会结束前，通常新闻发言人都会说下面这句话“虽然该天体是黑洞的可能性很大，但也不能排除其他解释。”

由于黑洞是看不见的，人们所说的实验观测方法都不是直接观察到黑洞，而是利用一些间接方法，对看不见的天体进行预测。其中最主要的方法是根据恒星演化理论，这个理论认为，当晚期演化的恒星质量大于中子星临界质量的上限时，这个恒星将继续塌缩，塌缩到施瓦西半径以内而形成黑洞。因此，这些观测方法最终依据的还是施瓦西黑洞理论。

换句话说，目前有关黑洞的实验观测方法，在判定黑洞时依据的都是施瓦西黑洞理论，即如果预测得出一个星球的半径小于施瓦西半径，这个星球则被认为是黑洞的候选者。

本书的研究表明施瓦西黑洞理论是错误的，在真实的物理时空中并不存在施瓦西黑洞。因此，依据施瓦西黑洞理论判定黑洞的方法也是错误的。

目前许多天体物理学家倾向于存在黑洞，他们的主要依据是：根据计算，一颗太阳大小的恒星，半径大约为 7×10^5 km，密度为 1.4 g/cm^3；如果将其压缩成为一颗白矮星，半径将收缩到 10^4 km，密度达到 1 t/cm^3 左右；如果形成中子星，其半径将缩到 10 km，密度达到($10^8\sim10^9$)t/cm^3；如果继续收缩，当半径小于 3 km 时，星球的半径就小于施瓦西半径了。现在，白矮星早已观测到，原来认为不可思议的中子星也找到了，从天文学的角度看，施瓦西半径与中子星的半径相差不大，因此，一些天体物理学家认为找到黑洞只差一步之遥了。

这里需要说明一下，笔者与这些天体物理学家的分歧在于，他们认为，当一个星球的半径小于施瓦西半径，这个星球就是黑洞了。而笔者的观点是宇宙中可以存在半径小于施瓦西半径的星球，但这种星球也不是黑洞，因为，黑洞和永动机一样，违反了物理学的基本规律，宇宙中任一星球都不是黑洞。

总之，目前有关黑洞方面的实验观测工作，其理论依据是施瓦西黑洞理论，而这个理论是一个错误的理论，因此，依据这个理论所进行的实验工作，都不能作为证据来证明宇宙中存在黑洞，这些观测结果至多只能说明宇宙中存在半径小于施瓦西半径的星球，但这种星球也不是黑洞。

19.3 笔者的一个实验建议

前面我们论述了黑洞如同永动机，如果存在将违反能量守恒规律，而爱因斯坦广义相对论却可以推导出黑洞。那么，我们的结果和广义相对论的结果究竟哪一个正确呢？

对于静态球对称引力问题，广义相对论的施瓦西解为

$$ds^2 = c^2\left(1-\frac{2GM}{rc^2}\right)dt^2-\left(1-\frac{2GM}{rc^2}\right)^{-1}dr^2-r^2d\theta^2-r^2\sin^2\theta d\phi^2 \quad (19-1)$$

从施瓦西解可以看出，球面

$$R=\frac{2GM}{c^2}$$

是一个奇面，在这个奇面内的物质，包括光都不可以逃到奇面外面去。如果用闵可夫斯基极限代替牛顿极限，我们可以得到一个新的静态球对称引力场的度规式[1]：

$$ds^2 = c^2\exp\left(-\frac{2GM}{rc^2}\right)dt^2-\exp\left(\frac{2GM}{rc^2}\right)dr^2-r^2d\theta^2-r^2\sin^2\theta d\phi^2 \quad (19-2)$$

对于式(19-2)来说，球面

$$R=\frac{2GM}{c^2}$$

不再是一个奇面，光可以逃到球面外面去。

由此不难看出，检验本书的结论是否正确，主要取决于上面两个表示式(19-1)和式(19-2)，哪一个是正确的。

下面，我们提出一个实验建议。假设存在一个发光的天体，它的质量为M，半径为R，如果满足：

$$R<\frac{2GM}{c^2} \quad (19-3)$$

根据施瓦西解(19-1)，这个天体是一个黑洞，它所发出的光是看不见的。然而，根据式(19-2)，我们的结论是宇宙中没有施瓦西黑洞，即使天体的质量和半径之间

满足式(19－3),这个天体也不是黑洞,它所发出的光人们还是可以看见的。

要检验上面两个结果哪一个是正确的,我们需要对天体的质量和半径进行测量。如果能在宇宙中发现某个天体满足式(19－3),同时,这个天体所发出的光我们可以看见,这就从实验上证明了黑洞不存在,施瓦西解是错误的。

宇宙中有许多天体,例如恒星、星系和星系团。对于只有恒星大小的天体,例如一个与太阳质量相同的天体,其施瓦西半径只有3 km,对于这样小的天体,目前的光学观测技术根本看不见这类天体。实际上对于中子星(中子星半径为10 km)我们都不能用光学望远镜进行观测,中子星是利用射电望远镜发现的。因此,若想找到满足式(19－3),同时所发出的光能被我们看见的天体,只能到具有更大质量的天体中去寻找。

下面,我们建议到类星体中去寻找。类星体是20世纪60年代天文学的一大发现,目前已经研究过的类星体超过了几千个[86]。

在《黑洞探疑》一书中,笔者推导出引力红移式:

$$Z_{\mathrm{M}}=\frac{1}{\sqrt{\exp\left(\frac{-2GM}{r_1c^2}\right)}}-1 \qquad (19-4)$$

利用式(19－4)可以得出对于$Z_{\mathrm{M}}>0.648$的天体,其半径一定小于施瓦西半径。而许多类星体都满足$Z_{\mathrm{M}}>0.648$,按照作者的理论,这些类星体一定不是黑洞,因此,笔者提出以下实验建议:对已知的类星体的质量和半径进行测量,如果能在这些类星体中,证明某个类星体满足式(19－3),由于类星体发出的光,人们是能够看见的。因此,这就证明了半径小于施瓦西半径的天体,它所发出的光人们可以看到。由于笔者不具备从事类星体研究的条件,在此只能提出这样一个建议,今后如果有人能够完成这一工作,这就从实验上彻底否定了黑洞。

第20章　讨论：为什么钱学森的宇宙科学思想正确，霍金的宇宙理论存在错误

30年前钱学森与中国科技大学一位教师的一场争论，把笔者带进了相对论及其宇宙学这一研究领域。30年来，笔者始终认为钱学森的宇宙科学思想正确，而霍金的宇宙学说存在错误，是什么原因促使笔者坚定地站到钱学森一边呢？本章将回答这一问题。

20.1　霍金等人的工作带有明显的理想化、数学化的特点，这是他们的理论出现问题的一个主要原因

若想回答上述问题，研究一下钱学森和霍金的科学经历非常必要。

霍金的经历很简单，博士毕业后就留在大学，他没有从事过工程科学、技术科学和实验科学方面的研究工作，他的工作是从理论到理论，主要工作是求解方程。许多相对论理论物理学家，包括爱因斯坦，都与霍金类似，他们都缺乏工程技术和实验科学方面的经验。由于这一原因，许多相对论物理学家的工作都带有明显的理想化、数学化的特点，即他们经常把实际问题想象的过于简单、过于完美。

下面我们举两个例子来说明这一问题，首先讨论大爆炸宇宙学。

我们知道，用广义相对论研究宇宙，可以得出一个宇宙理论，即大爆炸宇宙学。在大爆炸宇宙学中有一个假设：宇宙中的物质是均匀、各向同性分布的，现在人们把这个假设称为宇宙学原理。

根据宇宙学原理，人们再经过一番看似严格的数学推导，最后得出，整个宇宙可以用罗伯逊-沃尔克(Robertson-Walker)度规描述，罗伯逊-沃尔克度规具有非常漂亮的数学形式。因此，许多学习宇宙学的人，都会赞扬大爆炸宇宙理论在数学上的优美。然而，当你把宇宙学原理和罗伯逊-沃尔克度规用通俗的语言表述出来后，人们对它的看法就会发生改变。所谓宇宙学原理和罗伯逊-沃尔克度规，用一句通俗的话来说，就是假设宇宙是一个球，而且自始至终都是球，球的大小可以改

变，但球的形状则一直保持不变。

大爆炸宇宙学就是在假设宇宙是一个球的前提下，利用爱因斯坦的广义相对论来研究宇宙的演化规律。大爆炸宇宙学的基本方程叫弗里德曼宇宙方程，这个方程主要讨论宇宙的半径 R 随时间 t 的变化规律。利用弗里德曼宇宙方程人们得出，宇宙诞生于 150 亿年前的一次大爆炸，从那时起，宇宙便从一个原始火球开始，一直膨胀、膨胀再膨胀，最终形成了今天的宇宙。

换句话说，在大爆炸宇宙学中，人们需要把宇宙假设为一个“球”，过去是一个“球”，现在是一个“球”，将来也是一个“球”，宇宙永远是一个“球”。我们知道，把地球假设成一个“球”，严格地说是不正确的。现在，把整个宇宙假设为一个“球”，而且宇宙永远都是一个“球”，这样的假设合理吗？

下面再讨论另外一个例子，即广义相对论的实验验证工作。

我们知道，实验物理学是一门科学，如果我们用实验的方法对一个理论进行检验，就应该按照实验物理学的规范来进行。在实验物理学中，量纲分析和相似律是实验工作者必须掌握的基本知识。用实验的方法检验一个理论，首先需要科学地、合理地安排实验，具体地说，根据物理学的相似律和量纲分析，选择一个合适的物理参数，然后在这个参数可能的范围内，将理论结果与实验结果进行对比，如果两者吻合，表明这个理论经受了实验的检验。

以空气动力学为例，如果用实验的方法检验一个空气动力学理论是否正确，首先，我们需要根据空气动力学的一个重要参数——马赫数 Ma 来安排实验。实验应该涵盖各种情况，既有低速 ($Ma < 0.3$) 的实验，又有亚声速 ($0.3 < Ma < 1$) 实验，同时，还要应该包括超声速 ($Ma > 1$) 的实验。

只有在不同的马赫数下，理论结果与实验结果完全吻合，我们才可以说这个空气动力学理论是正确的。

广义相对论是关于引力的理论，对广义相对论进行实验检验，表示引力场强度的参数 C_g 是实验中必须考虑的一个重要参数。如果用实验方法检验广义相对论，显然，正确的方法应该是：在不同的参数 C_g 的情况下，对广义相对论进行检验。然而遗憾的是，目前广义相对论的实验主要是在太阳系内进行的。即使在太阳系中，所有实验都证明了广义相对论是正确的，我们也不能由此推断在其他情况下广义相对论也是正确的。因为太阳系是一个很弱的引力场，C_g 只有 4.23×10^{-6}，如果我们仅仅根据 C_g 等于 4.23×10^{-6} 时的实验，就把广义相对论的结果推广到 $1 < C_g$ 的情况，这样处理问题是不正确的。

为了更好地说明这一问题，下面我们用空气动力学实验进行类比。对于星球的引力场来说，无量纲引力参数 C_g 可以写成如下形式：

$$C_g = \left(\frac{u}{c}\right)^2 \tag{20 - 1}$$

式(20－1)表示引力参数等于质点速度与光速之比的平方，这里的质点速度是用牛顿力学的方法计算出来的。

在空气动力学的马赫数的定义是

$$Ma = \frac{u}{a} \tag{20 - 2}$$

式(20－2)表示马赫数等于流场中质点速度与声速之比。利用式(20－1)和式(20－2)，我们可以做如下类比，把$\sqrt{C_g}$和马赫数 Ma 进行类比。

由于太阳系 C_g 只有 4.23×10^{-6}，因此，我们把在太阳系内进行的引力实验，类比马赫数 $M_a=10^{-3}$ 的空气动力学实验。这里需要注意，马赫数 $M_a=10^{-3}$ 的情况比电风扇的马赫数还低。而黑洞问题对应于 $1<C_g$ 的情况，因此黑洞问题可以类比马赫数 Ma 大于 1 的情况，即对应于超声速流动。

通过上面的类比我们可以得到这样的结果：如果我们仅根据太阳系内的几个引力实验，认为广义相对论是正确的，然后就利用广义相对论来研究黑洞。这如同仅在电风扇下做了几个空气动力学的实验，然后就用这些结果去设计超声速飞机，这显然是行不通的。

实验物理学是一门科学，量纲分析和相似律是实验中必须考虑的一个重要因素，现有的广义相对论实验连无量纲引力参数这个因素都没有考虑进去，仅凭太阳附近的光线偏移等几个实验，就宣称广义相对论得到了验证，这显然是不对的。即使在太阳系内进行的实验都与广义相对论的理论结果相符合，也不能依据这些实验说明广义相对论是正确的。

因此，我们认为：现有的广义相对论实验，没有按照实验物理学的规则进行，甚至引力参数这一因素在实验中都没有考虑，仅根据弱引力场中(太阳系)的几个实验，就把广义相对论的结果引申到强引力问题，这样处理问题显然是不正确的。所以，广义相对论的现有实验不能说明这个理论的正确性。

以上两个例子说明，由于许多相对论物理学家缺乏工程科学、技术科学和实验科学方面的经验，他们的工作单凭理论推理进行，这是造成爱因斯坦相对论中出现错误的一个主要原因。

20.2 钱学森丰富的科学研究经历，使得他在大爆炸宇宙学刚刚兴起的时候，便断定这个理论是错误的

钱学森的科学经历与霍金不同，钱学森曾亲手写过一份简历：1932 年铁路机

械工程，1934年航空工程，1936年流体力学、空气动力学，1939年弹性薄壳理论，1942年火箭技术，1946年核动力理论，1949年航天工程，1950年工程控制论，1954年物理力学，1956年运筹学、系统工程，1978年系统科学。

1994年钱学森在其私人通信中谈到了他的科学经历，他写道："30年代中期到美国MIT及CIT学习，MIT重在工，而CIT则强调理工结合。我在CIT选修了不少理科课程，如微分几何、复变函数论、量子力学、广义相对论、统计力学等，博士论文也是用数理理论解决工程技术问题。后来十几年在MIT及CIT教学做研究，从薄壳理论、气动力学、火箭技术到工程控制论、物理力学等，也都是理工结合，用'理'去解决'工'中出现的新问题。"(《钱学森书信集》，1994年2月7日致钱学敏的信)

由此可见，钱学森走过的科学道路，是一条理工相结合的道路，这条道路使他不仅具备丰富的工程实际经验，而且还有宽厚的自然科学理论基础，这些知识储备和经历使他能够深刻的领会到科学的真谛，成为一位很有远见的科学家，从下面三件事情我们可以看出钱学森的远见。

(1) 1939年，钱学森与卡门一起提出了著名的卡门-钱学森公式，此后，他又和郭永怀一起提出了"郭永怀-钱学森猜想"，在这些研究中，讨论的都是非线性空气动力学问题，20世纪60年代，非线性问题逐渐成为科学研究的一个热点，这件事情表明，钱学森在非线性研究方面至少超前了20年。

(2) 1953年，钱学森在美国首次正式提出物理力学的概念，他在美国加州理工学院还开设了这门新的课程，并编写了《物理力学讲义》。物理力学的宗旨是通过对物质的微观分析，总结和整理物质的宏观性质，找出内在规律，从而得到所需数据。20世纪下半叶，科学技术各个领域都在沿着钱学森最早指出的宏观和微观相结合的道路，研究和解决面临的复杂问题。物理力学后来在国外得到了发展，尤其是在超临界状态的物理力学获得了突出成就，近年来，纳米技术更是突飞猛进，而物理力学正是纳米技术的基础。

(3) 20世纪60年代，在大爆炸宇宙学刚热起来的时候，钱学森就将其称为相对论周围那些"乌烟瘴气的东西"。20世纪80年代，钱学森明确地指出："要么放弃马克思主义时空无限的论点，要么批评大爆炸宇宙学的谬误，二者必居其一。我是坚持时空无限论点的，认为现代科学的宇宙学还很不完善，有待今后的继续努力。"

我不知道究竟是什么原因促使钱学森批评大爆炸宇宙理论，但是，这里需要特别指出的是，钱学森曾经从事过理想流体力学和空气动力学的研究，在理想流体理论中就存在着奇点问题，笔者就是在研究理想流体力学奇点问题时，接触到霍金的理论并对他的理论产生了怀疑。

我相信,每一个熟悉理想流体力学理论和广义相对论奇点问题的人,都会产生与我相似的想法。

20.3 自然科学的研究如果撇开了马克思主义哲学的指导是危险的

恩格斯曾经指出:“不管自然科学家采取什么样的态度,他们还是得受哲学的支配。问题只在于,他们是愿意受某种坏的时髦哲学的支配,还是愿意受一种建立在通晓思维的历史和成就的基础上的理论思维的支配。”(恩格斯,自然辩证法,第187页)

恩格斯的这段话,对于宇宙学来说尤为重要。目前宇宙学的现状是,与其他自然科学的丰富实验结果相比较,宇宙学的观测事实可以说寥寥无几。人类居住在地球上,人造卫星也只是在地球附近运行,浩瀚的宇宙对于人类来说是可望而不可及。在宇宙观测记录中人们所看到的也只是天体系统的某些外在现象和性质,而不是天体系统本身。这些观测记录只有通过一些理论假设,才可以建立起宇宙模型,对宇宙问题进行解释。在各种宇宙模型中显然都蕴含着哲学前提,因此,每一种宇宙学说实际上反映了研究者的哲学观点。对于这个问题,爱德华·哈里森在《宇宙学》一书中是这样论述的:“当宇宙学家提出某种特殊的宇宙模式时,我们不应过多考虑其科学意义,而应该去了解宇宙学家的信仰和他所持的哲学甚至心理学观点”[85]。

因此,可以说在宇宙学上的争论,实际上是一场哲学争论。钱学森与霍金在宇宙学上的分歧所反映的是哲学思想上的分歧。

钱学森一直关注哲学,强调科学工作者一定要学习掌握马克思主义哲学,他认为,辩证唯物主义作为人类认识客观和主观世界的科学,它所坚持的世界观和方法论,对各门科学技术的研究和发展有着非常重要的指导作用。

早在1956年,钱学森冲破重重阻力,从美国回到祖国不久,有一位记者洛翼曾对他进行采访,后来洛翼写了一篇访问记,发表在1956年3月2日的《中国新闻》上,题目是《一个有思想的科学家——钱学森博士访问记》,其中有这样一段对话。

记者问他:“您认为,对于一个有为的科学家来说,什么是最重要的呢?”

钱学森的回答是:“对于一个有为的科学家来说,最重要的是要有一个正确的方向。这就是说,一个科学家,他首先必须有一个科学的人生观、宇宙观,必须掌握一个研究科学的科学方法!这样,他才能在任何时候都不致迷失道路;这样,他在科学研究上的一切辛勤劳动,才不会白费,才能真正对人类、对自己的祖国做出有益的贡献。”

20 世纪 80 年代初，钱学森提出了“现代科学技术体系论”，钱学森认为，总结近百年的历史教训，马克思主义哲学有其崇高的位置，它是人类实践的最高概括和总结，因此，我们的一切科学技术研究都应以马克思主义哲学作为指导；钱学森强调，应该深入学习和研究马克思主义哲学，用以指导宇宙学的研究。钱学森还明确指出：将来宇宙学的研究对象，应是马克思主义科学的宇宙图像[24]。

笔者研究黑洞 30 年了，有一个问题曾经让笔者困惑不解：为什么黑洞这个一开始就是错误的概念，能让那么多的物理学家都相信它呢？

本书论述了黑洞不存在的若干理由，也指出了爱因斯坦理论的一些错误，所有这些最终都可以归结为一个错误，即爱因斯坦相对论的指导思想——对称性思想，以及相对论的一个基本原理——相对性原理，都是按照形而上学的思想提出来的，它们违背了辩证唯物主义的对立统一规律。

最后，我们引用钱学森的一句话作为本书的结束，并以此作为对上述问题的回答。钱学森说：“**自然科学的研究如果撇开了马克思主义哲学的指导是危险的**。”

参 考 文 献

[1] 蔡立.黑洞探疑[M].上海：上海交通大学出版社，2012.
[2] 蔡立.相对论探疑[M].上海：上海交通大学出版社，2013.
[3] 蔡立.非爱因斯坦相对论研究[M].上海：上海交通大学出版社，2014.
[4] 蔡立.两个宇宙体系的对比[M].上海：上海交通大学出版社，2015.
[5] 蔡立.相对论的悖论与爱因斯坦的失误[M].上海：上海交通大学出版社，2015.
[6] 爱因斯坦.爱因斯坦文集(第一卷)[M].许良英，等，译.北京：商务印书馆，2012.
[7] 胡大年.爱因斯坦在中国[M].上海：上海世纪出版集团，2006.
[8] 卡尔波夫.论爱因斯坦的哲学观点[J].科学通报，第12期，1951.
[9] 周培源.阿·爱因斯坦在物理上的伟大成就[J].物理学报，1955(3)：191-197.
[10] 张宗燧.电动力学和狭义相对论[M].北京：科学出版社，1957.
[11] 孔淑静.唯实——我的哥哥孔令华[M].海南出版社，2003.
[12] 李柯.评爱因斯坦的时空观[J].复旦学报(自然科学版)，1973(3)：1-14.
[13] 李柯.评爱因斯坦的运动观[J].复旦学报(自然科学版)，1974(1)：1-20.
[14] 李柯.评爱因斯坦的物质观[J].复旦学报(自然科学版)，1974(2)：1-15.
[15] 李柯.评爱因斯坦的世界观.自然辩证法杂志[J].1974(3)：55-74.
[16] 某教师.关于标量-张量理论中含物质及黑体辐射的宇宙解[J].物理，1972，1(3).
[17] 某教师.关于黑洞的一些物理问题[J].科学通报，1974(2).
[18] 柳树滋.学习"唯物主义和经验批判主义"[J].物理，1974，3(1).
[19] 钱学森.社会主义现代化的科学和系统工程[M].吴义生，编.北京：中共中央党校出版社，1987.
[20] 钱学森.钱学森讲谈录[M].北京：九州出版社，2009.
[21] 钱学森.钱学森书信选(上卷)[M].北京：国防工业出版社，2008.
[22] 某教师.哲学是物理学的工具[M].长沙：湖南科学技术出版社，1988.
[23] 钱学森.基础科学研究应该接受马克思主义哲学的指导[J].哲学研究，1989(10)：3-8.
[24] 总装备部科技委，总装备部政治部.钱学森学术思想研究论文集[M].北京：国防工业出版社，2011.
[25] 某教师，*R*.鲁菲尼.相对论天体物理的基本概念[M].上海：上海科学技术出版社，1979.
[26] 爱因斯坦.在普鲁士科学院的就职讲话//爱因斯坦文集(第一卷)[M].许良英，等，编译.北京：商务印书馆，2012：718.
[27] 爱因斯坦.爱因斯坦文集(第一卷)[M].许良英，等，译.北京：商务印书馆，2012，299、772。

[28] Lee T D, Yang C N. Question of parity conservation in weak interaction [J]. Phys. Rev., 1956,104(1):254 - 258.

[29] 李政道. 对称与不对称性[M]. 北京：清华大学出版社,2000.

[30] 杨振宁. 对称与近代物理/杨振宁文集(上)[M]. 上海：华东师范大学出版社,1998.

[31] 江才健. 吴健雄——物理科学的第一夫人[M]. 上海：复旦大学出版社,1997.

[32] [日]矢沢科学事物所. 诺贝尔奖中的科学[M]. 宋天,等,译,北京：科学出版社,2012:3。

[33]《哲学研究》编辑部. 对立统一规律一百例[M]. 上海：上海人民出版社,1966.

[34] 黑格尔. 哲学史讲演录(1～4 卷)[M]. 贺麟,王庆太,译. 北京：商务印书馆,1983.

[35] 马克思. 数学手稿[M],北京：人民出版社,1975.

[36] 朱水林. 哥德尔不完全性定理[M]. 沈阳：辽宁教育出版社,1987.

[37] 伊夫斯. 数学史上的里程碑[M]. 北京：北京科学技术出版社,1990.

[38] 广重徹. 物理学史[M]. 李醒民译. 北京：求实出版社,1988.

[39] 郭奕玲,沈惠君. 物理学史[M]. 北京：清华大学出版社,1997.

[40] 马克思,恩格斯. 马克思恩格斯选集：第 4 卷[M]. 北京：人民出版社,1957:407、337.

[41] 恩格斯. 自然辩证法[M]. 北京：人民出版社,1971.

[42] 恩格斯. 反杜林论[M]. 北京：人民出版社,1971.

[43] 钱学森. 钱学森讲谈录——哲学、科学、艺术[M]. 北京：九州出版社,2009.

[44] Einstein, A. On a stationary system with spherical symmetry consisting of many gravitating masses [J]. Ann. Math. 1939,40(1):922 - 936.

[45] 安德鲁·罗宾逊. 爱因斯坦相对论一百年[M]. 张卜天,译. 长沙：湖南科学技术出版社,2005:9 - 10.

[46] Hawking S W, Ellis G F R. The large scale structure of space-time [M]. Cambridge: Cambridge University Press, 1973.

[47] 牛顿. 自然哲学的数学原理[M]. 赵振江,译. 北京：商务印书馆,2007.

[48] 牛顿. 光学[M]. 周岳明,等,译. 北京：北京大学出版社,2007.

[49] Kip, S. Thorne, Black Holes, et al. Einstein's Outrageous Legacy [M]. W. W. Norton, New York. 1994.

[50] Einstein, A, Infeld, L. The gravitational equations and the problem of motion [J]. Ann. Math., 1938,39(2): 455 - 464.

[51] Oppenheimer J R, Snyder H. On continued gravitational contraction [J]. Phys. Rev. 1939,56:455.

[52] Eddington, A. S. The Internal Constitution of the Stars [M]. Cambridge: Cambridge University Press, 1926.

[53] S. Bonometto, V. Gorini, U. Moschella. Modern Cosmology [M]. Institute of Physics Publishing, Bristol and Philadelphia, 2002.

[54] D. W. Sciama. Modern Cosmology and the Dark Matter Problem [M]. Cambridge: Cambridge University Press, 1993.

[55] 李宗伟,肖兴华. 天体物理学[M]. 北京：高等教育出版社,2000.

[56] 须重明,吴雪君. 广义相对论与现代宇宙学[M]. 南京：南京师范大学出版社,1999.

[57] 爱德华·哈里森. 宇宙学[M]. 李红杰,等,译. 长沙：湖南科学技术出版社,2008.
[58] F·霍伊尔,J·纳里卡. 物理天文学前沿[M]. 何香涛,赵君亮,译. 长沙：湖南科学技术出版社,2005.
[59] Chandrasekhar S. Rev. Mod [J]. Phys. 1984,4:37.
[60] 赵峥. 黑洞的热性质与时间奇异性[M]. 北京：北京师范大学出版社,1999.
[61] 赵峥. 黑洞与弯曲的时空. 太原：山西科学技术出版社,2000.
[62] 刘辽,赵峥,田贵花,等. 黑洞与时间的性质[M]. 北京：北京大学出版社, 2008.
[63] Weinberg, S. Gravitation and Cosmology [M]. John Wiley. 1972.
[64] Brian David. Einstein: A Life [M]. John Wiley and Sons, New York, 1996, p. 76.
[65] Cropper William H. Great Physicists [M]. Oxford University Press, New York, 2001. p. 220.
[66] Clark Ronald. Einstein: The life and times [M]. World Publishing, New York, 1971. p. 159.
[67] Abraham Pais. 'Subtle is the Lord...' The Science and the Life of Albert Einstein [M]. Oxford University Press, 1982. p. 152.
[68] 爱因斯坦. 爱因斯坦文集(第一卷)[M]. 许良英,等,编译. 北京：商务印书馆,2012,p. 124.
[69] 爱因斯坦. 狭义与广义相对论浅说[M]. 杨润殷,译. 北京：北京大学出版社,2006.
[70] 崔莹,等. 永动机的神话[M]. 北京：机械工业出版社,2012.
[71] 莫奎. 永动机问题[M]. 北京：科学普及出版社,1957.
[72] 丁守谦. 有永动机吗? [M]. 北京：中国青年出版社,1956.
[73] Kerr, R. P. Gravitational field of a spinning mass as an example of algebraically special metrics [J]. Phys. Rev. Lett, 1963,11,237.
[74] Newman, E. T., Metric of a rotating charged mass [J]. J. Math. Phys, 1965,6,918.
[75] Penrose, R. Gravitational collapse and space-time singularities [J]. Phys. Rev. Lett, 1965,14,57-59.
[76] Hawking, S. W. The occurrence of singularities in cosmology [J]. Proc. Roy. Soc. Lond. 1965, A300,187-201.
[77] Hawking, S W, Penrose R. The singularities of gravitational collapse and cosmology [J]. Proc. Roy. Soc. Lond. 1970, A314,529-548.
[78] Penrose, R. Singularities of space-time, In Theoretical principles in Astrophysics and relativity, [M]. ed N. R. Liebowitz, W. H. Reid, and P. O. Vandervoort, Chicago: Chicago University Press, 1978.
[79] Penrose, R. Singularities and time-asymmetry, In General Relativity: An Einstein Centenary [M]. ed. S. W. Hawking, and W. Israel. Cambridge: Cambridge University Press, 1979.
[80] 赵峥. 探求上帝的秘密[M]. 北京：北京师范大学出版社,2009.
[81] 加来道雄. 爱因斯坦的宇宙[M]. 徐彬,译. 长沙：湖南科学技术出版社,2006,45.
[82] 冯端,冯少彤. 溯源探幽：熵的世界[M]. 北京：科学出版社,2005.
[83] 伊·普利高津. 从混沌到有序[M]. 上海：上海译文出版社,1987.

[84] 阎康年. 热力学史[M]. 济南：山东科学技术出版社，1989.
[85] 爱德华·哈里森. 宇宙学[M]. 李红杰，等译. 长沙：湖南科学技术出版社，2008.
[86] Weedman D. W. Quasar Astronomy [M]. Cambridge University Press, 1986.
[87] 阿达玛[法]. 初等几何教程 [M]，朱德祥，译，上海：上海科学技术出版社，1966.
[88] 斯米尔诺夫. 高等数学教程(1～5卷)[M]. 北京：人民教育出版社，1958.
[89] 蔡立. 无穷大的历史演变与希尔伯特第一问题探讨[M]. 上海：上海交通大学出版社，2016.
[90] 吉米多维奇. 数学分析习题集[M]. 北京：人民教育出版社，1958.
[91] 钱学敏. 钱学森科学思想研究[M]. 西安：西安交通大学出版社，2008.
[92] 保罗·哈尔莫斯. 我要做数学家[M]. 南昌：江西教育出版社，1999.
[93] 杨振宁. 杨振宁文集(上、下册)[M]. 上海：华东师范大学出版社，1998.

索　引

T

W

X

Y

Z

后记　我的学习经历，我的研究方法

我不是学物理的，这些年不时有人问我，为什么研究相对论呢？读完这篇后记，读者便可以从中找到答案。

1. “文革”十年，自学十年

我于 1954 年出生在辽宁省沈阳市。从小在许多方面都表现平平，唯独在数学方面表现还行，从小学四五年级开始，数学成绩便一直是全班第一、第二。在小学即将毕业的那一年，“文化大革命”开始了。

从 1966—1969 年，大约有 3 年时间，学校停课闹革命，我独自一人呆在家里。

人很奇怪，轻易得到的东西往往都不珍惜，而一旦失去就会倍感珍贵。

我的父亲是一位工程师，他喜欢看书买书，家里也有一些藏书，但这些书“文革”前我没有读过，当时也没有感到读书的愉快。“文革”开始，学校停课了，独自呆在家里又感觉寂寞，于是，在无意间我开始翻阅父亲的藏书，逐渐从书中找到了乐趣，读书也使我忘记了眼前的烦恼，就这样我走上了自学的道路。

父亲从事的是测量工作，测量学与数学的关系密切，因此，我家里有许多数学方面的书，特别是几何学和三角学的书，其中包括许纯舫的《几何证明》《几何作图》《平面几何学习指导》《轨迹》，阿达玛的《初等几何教程》，朱风豪的《新三角学讲义》，以及希尔伯特的《直观几何》等，这些书伴随我度过了“文革”岁月。在这些书中阿达玛的《初等几何教程》对我影响最大[87]。

1969 年初学校复课，我进入了中学。为了使大好的时光不要白白浪费，在每天上学前，我从《初等几何教程》中找出几道题记在纸上，下课时找个没人的地方偷偷地看一看，上课时便开始思考如何解题。当时的环境不允许把解题过程写在纸上，因为一旦有人发现，就可能成为“白专”典型受到批判。因此，我的解题过程都是在不动笔和纸的情况下，在头脑中通过想象进行的。

我的这一做法最初是无奈之举，然而，后来很快发现，在不用纸和笔的情况下求解数学问题，是一种很好的学习方法，这一方法可以训练一个人的抽象思维能力、空间想象能力和逻辑推理能力。此后，这种方法就成为我学习数学，乃至研究问题的一种重要方法，一直坚持下去。今天，无论是写作还是推导数学公式，我都首先静静地思考一段时间,把所有内容都在脑子里从头到尾过一遍,思考成熟了,然后一气呵成,我的这一习惯就是在中学时代养成的。

由于停课,我的中学在校时间实际上只有3年,在这3年里,我把家中的许多数学书,包括阿达玛《初等几何教程》中的习题都做了一遍,这段经历为我在数学方面奠定了良好的基础。

“文革”十年,我自学了十年,无论是学校停课时期,还是在校期间,包括后来的上山下乡当知青,以及进工厂做工人,我的自学从未中断。不仅自学了全部中学课程,而且还自学了一部分大学课程。在数学方面,我自学了斯米尔诺夫的《高等数学教程》,该书一共有5卷11册,恢复高考前我读完了这部著作的一大半。后来,上大学时我能够免修复变函数等课程,原因就是入学前我曾读过斯米尔诺夫的书[88]。

“文革”中的这段自学经历,使我不仅增长了知识,而且也磨炼了意志,使我变得很有耐心也很有毅力,今天,能够把一些问题坚持研究了几十年,大概与我的这段经历有关。另外,在自学中,我还找到了自己独特的学习方法和思维方法,这一方法也使我终身受益。

2. 我的大学时代

1977年恢复高考,这一年我考入了北京航空学院,也就是今天的北京航空航天大学。“文革”十年忽视基础教育,然而物极必反,“文革”后的大学超乎寻常地强调打好基础。学校要求我们这一届力学专业的学生与数学系的学生一起听数学课,所用教材是吉林大学教授江泽坚编的《数学分析》。当时,大学的学习气氛很浓,学生非常刻苦,主讲老师讲课也十分认真,他把书中的每个证明细节都讲到了,仅极限论一章就讲了整整一个学期。后来,学校觉得这样的教学进度不适合力学系的同学,因此,从下一届学生开始,力学系的学生就不再和数学系的同学一起上课了,现在回忆起来,觉得我们这一届还挺幸运。

最近我写了一本书《无穷大的历史演变与希尔伯特第一问题探讨》,书中用到了戴德金分割、康托的实数理论等,如果没有大学时期在极限论方面打下的数学基础,现在就很难胜任这一工作了[89]。

20世纪60年代,苏步青教授写过一本书,书名我已忘记了,内容是和中学生谈如何学好数学,我曾读过这本书。苏步青在书中说,他在大学学习微积分时,曾做过一万多道微积分习题,这为他后来从事数学研究,奠定了坚实的基础。受苏步青的影响,在大学学习期间,我把学校图书馆中的3本高等数学习题集做了一遍,3本书的习题加起来超过了一万道。其中,吉米多维奇《数学分析习题集》中的许多题目很难,远远超出了数学专业教学大纲的要求,我学习《数学分析》时,这本书的习题解答还没有出版。我用了大约两年的时间,硬把这本书啃了下来,最终只有五六道题没有做出来，其余题目都做出来了。也许是天道酬勤，后来在全校的大学生数学竞赛中，取得第一名的成绩，原因就在于我做过吉米多维奇的习题集[90]。

大学三年级的时候，我和同学去沈阳一个航空工厂实习。这件事情发生在20世纪80年代初，当时邓小平认为短期内不会爆发大的世界战争，中国要抓住这一机会集中精力搞经济建设，于是他提出了裁减军队。我们去工厂实习时，大裁军的序幕已经拉开，由于裁军，空军大大减少了飞机订单。我去实习的那个工厂有几十个车间，当时只有两三个车间在生产飞机，其余车间全部改成生产民用产品，有生产电风扇和洗衣机，也有制造自行车和摩托车的。

当时在工厂里所见到的一些空气动力学的工程师大部分都不再研究飞机了，而是思考如何改进一下电风扇的叶片，使风吹得更柔和；或者改进一下洗衣机的涡轮，使漩涡更大，洗涤力更强。

刚上大学的时候，我曾认认真真地学习航空，甚至梦想有一天能成为一名优秀的飞机设计师，实习回来，做一名飞机设计师的梦想结束了。当时的航空工业部部长有一句话：航空工业要开辟第二战场，实现军转民。我想航空工业都在开辟第二战场，作为航空学院的学生也应该开辟第二专业。

我最喜欢的学科是数学和物理学，但是，考虑到自己不爱讲话，在高考填报志愿时，我选择了学工，打算将来做一名工程师。实习回来后，我放弃了做航空工程师的打算，开始重新思考自己的发展方向。对这一问题的思考持续了五六年，在其后攻读硕士和博士学位期间，我一直在考虑：我未来的研究方向是什么？哪些问题值得我用毕生的精力进行研究呢？

3. 研究生期间确定了自己的研究方向

1982年大学毕业后留校继续攻读硕士，硕士论文研究的问题是理想流体的数值计算。在理想流体的数值计算中，经常会遇到计算结果趋于无穷大的情况，也就是所谓的数值发散。导致数值发散的原因是理想流体的流场中存在奇点。真实的流体运动中是没有奇点的，理想流体之所以出现奇点是因为理想流体理论把黏性作用忽略了。因此，我硕士论文的一项主要任务就是研究如何解决理想流场数值计算中出现的奇点问题。硕士毕业后开始攻读博士学位，博士论文的内容是研究钱学森猜想，由于这个原因，我对钱学森的工作进行了研究。

在阅读钱学森文章的时候，注意到当时钱学森与中国科技大学的那位教师正在进行一场争论。这场争论的起因是，随着改革开放、国门打开，西方的一些思想、理论、学说涌入中国，中国科技大学的那位教师是国内最先把大爆炸宇宙理论引入中国的学者，随后他就以这个理论为依据，提出恩格斯《自然辩证法》中的论断已经过时了，列宁不懂物理，进而得出新中国成立以来所有(马克思主义)哲学对自然科学的指导都是错误的。当时担任中国科协主席的钱学森意识到这种言论的危害，于是明确提出：我们的一切科学技术研究都应以马克思主义哲学作为指导；钱学森认为，要么放弃马克思主义的科学论断，要么批判大爆炸宇宙学的谬误，“二者必居其一”。由此引发了钱学森与中国科技大学的那位教师的一场争论。

钱学森是中国著名科学家，那位教师当时是中国科学院院士、中国物理学会引力与相对论天体物理分会的会长，他们两人之间的争论，自然引起了我的关注，究竟是钱学森的观点对，还是那位教师的观点对呢？

这场争论对我影响很大，使我对广义相对论产生了兴趣。在硕士期间，刚研究完理想流体的奇点，博士期间又遇到广义相对论的奇点，于是很自然地把理想流体理论和广义相对论做了对比，结果发现这两个理论之间有许多相似之处。通过对比，我产生了一个想法：

理想流体理论的奇点在真实的物理流动中不会发生，那么，广义相对论的奇点在真实的物理时空中能够存在吗？

正是通过对这个问题的思考，我最终找到了自己的研究方向，由此走上了质疑黑洞、怀疑爱因斯坦相对论的道路。

从事科学研究30多年，对我影响最大的就是钱学森先生。我选择的研究方向与他有关，我的研究方法也深受他的影响。

4. 我的研究方法

注重现代科学技术和哲学的相互关系是钱学森科学思想的一个特点。

钱学森在其科学实践中不只关注科学技术问题，而且非常重视哲学思维。在美国学习工作的时候，他就参加了课余的马克思主义学习小组，阅读了恩格斯的《反杜林论》等著作。

钱学森回国后曾说过：“我在美国虽然有一点感受，但是回到祖国以后学习马克思主义哲学以及马克思、恩格斯的一些经典著作，这使我的思想更加开阔，我觉得在美国的那点体会不如他们说的那么深刻、那么全面，如果你能够懂得马克思主义的辩证唯物论，自觉地运用科学的世界观和方法论，那么当你研究问题、思考问题的时候，就能够更主动、更迅速地去获得智慧，有所创新，如虎添翼，你何乐而不为呢？”[91]

后来，钱学森又把上述观点发展成为现代科学技术体系论，提出科学技术工作要自觉接受马克思主义哲学的指导，他还说，掌握马克思主义哲学是我们的一大优势。

受钱学森上述思想的影响，30年前我开始系统地学习马克思哲学理论，阅读了黑格尔的著作，通读了马克思的《数学手稿》、恩格斯的《反杜林论》和《自然辩证法》，以及列宁的《唯物主义和经验批判主义》等书。

马克思《数学手稿》和恩格斯《自然辩证法》中所采用的研究方法，即逻辑与历史相统一的思想方法，给我留下深刻的印象。我们知道，形式逻辑与辩证逻辑的一个主要区别在于，形式逻辑是单纯从逻辑的角度考虑问题，即侧重于用演绎推理的方法研究问题；而辩证逻辑则是把逻辑与历史结合起来研究问题。

逻辑与历史的统一的思想最初是由黑格尔提出来的，后来，马克思和恩格斯从唯物主义的立场出发，批判地改造了黑格尔的方法，使之成为辩证逻辑的重要方法之一。恩格斯对这一方法是这样论述的："历史从哪里开始，思想进程也应从哪里开始。而思想进程的进一步发展不过是历史过程在抽象的、理论上前后一贯的形式上的反映。"(《马克思恩格斯选集》第2卷，第122页)

受马克思和恩格斯著作的影响，在攻读博士学位期间，我还对科学史，包括力学史、数学史、物理学史以及宇宙学史进行了研究。我认为，作为一名科学工作者，在从事科学研究的同时，应该对科学的历史有所了解。因为，只有了解科学发展的历史，才能知道今日科学在历史长河中所处的位置，才能看清当今科学发展的主流和趋势，找到具有重大意义的研究课题。

通过对马克思主义哲学以及科学史的研究，我发现科学，特别是数学和理论物理学，如同一幅宏伟的画卷，如果我们沿横向，即沿着逻辑的方向将其展开，展现在我们面前的是一部严谨的科学教程，从少数几个公理开始，通过严格的演绎推理，建立起科学的理论。如果我们沿着竖向，即沿着时间的方向把这幅画卷打开，展现在我们面前的就是一部完整的科学史，全部的科学内容都包含在科学史中。因此，对于科学问题，可以用两种方法进行研究。

第一种方法是沿着逻辑发展的方向进行研究；

第二种方法是沿着历史的足迹对科学进行考察。

这些年来，我采用的就是第二种方法，研究相对论，我首先研究相对论的历史；研究黑洞，我从黑洞问题的起源开始进行考察；研究连续统假设，我把集合论和数理逻辑的发展史研究了一遍。总之，我研究每一个问题，都首先把这个问题的历史发展情况搞清楚，然后，把逻辑与历史结合起来进行研究，这就是我的研究方法。

5. 回忆往事，与梦相伴，无怨无悔

现在，回答本文前面提到的那个问题：我不是学物理的，为什么研究相对论呢？其实回答很简单，因为我喜欢科学。

从小学开始，"科学家"在我心目中就有着崇高的形象，我也曾希望自己未来能成为一名科学家。什么样的人是科学家(数学家)呢？

保罗·哈尔莫斯在《我要做数学家》一书回答了这一问题，他认为：要想成为一名数学家首先要爱数学，而且，爱数学要爱到超过其他任何的爱，对于所喜欢的数学问题，数学家如果不搞出它来，就觉得心里不舒服、难受、痛苦、睡不着觉[92]。

虽然我不是科学家，但对保罗·哈尔莫斯的话深有同感，这些年来，相对论以及黑洞问题已经让我度过了不知有多少个不眠之夜。多年的研究使我感到，苏东坡“不识庐山真面目，只缘身在此山中”这首诗很有哲理。

作为一名物理学的“山外人”，我认为相对论中的一些问题之所以 100 多年来一直没有解决，原因就在于物理学家们把这些问题限定在很小的范畴内，用纯数学推理的方法研究这些问题，他们违反了辩证法，违反了对立统一规律，忽视了物理学的历史，忽视了能量守恒规律和一些物理常识。这就是今天相对论出现问题的主要原因。

我的这一看法是对还是错，对这个问题肯定有不同的意见，但我相信，作为一名物理学的“山外人”，我的许多观点与“山中之人”会有许多不同之处。现在，我把这些观点整理出来写成书，与大家共同分享，如果这些观点最终被证明是正确的，我会感到由衷的高兴。

30 多年前，在读研究生的时候，我曾经读过杨振宁先生写的“读书、科研、教学 40 年”，当时曾想，待我 60 岁的时候也写一篇回忆文章。那时觉得 60 岁很遥远，转瞬间，耳顺之年已过，今天当我写完这篇文章，也算是兑现了当年的一个承诺[93]。

我虽然不是物理学家，但我喜欢物理学，能在这一领域做一件有价值的工作，是我多年的一个梦想，这个梦想能否实现，现在已经不重要了，重要的是为此我努力过、奋斗过，做到这些已经足够了。

今天，在这里回首 30 年，内心很满足，人生能够与梦想相伴，我感到无怨无悔。